西南石油大学"十三五""十四五"石油与天然气工程科技成果

疏松砂岩有水气藏储层渗流机理与分形渗流模型

谭晓华 李晓平 奎明清 彭港珍 等编著

石油工业出版社

内容提要

本书以涩北气田为研究对象,围绕疏松砂岩有水气藏储层的渗流特性及分形模型构建进行介绍,系统分析了储层渗流过程中的应力敏感、两相渗流及储层出砂等关键现象,建立了考虑应力敏感、两相渗流及储层出砂的分形渗流模型,揭示了渗流环境的主要影响因素。

本书适合从事气藏开发研究工作的相关技术人员、科研院所研究人员,以及石油院校相关专业师生参考使用。

图书在版编目(CIP)数据

疏松砂岩有水气藏储层渗流机理与分形渗流模型 / 谭晓华等编著 . -- 北京:石油工业出版社,2025.6.
ISBN 978-7-5183-7595-0

Ⅰ . TE343

中国国家版本馆 CIP 数据核字第 20251K25N8 号

出版发行:石油工业出版社

(北京安定门外安华里 2 区 1 号　100011)

网　　址:www.petropub.com

编辑部:(010)64523710　　图书营销中心:(010)64523633

经　销:全国新华书店

印　刷:北京九州迅驰传媒文化有限公司

2025 年 6 月第 1 版　2025 年 6 月第 1 次印刷
787×1092 毫米　开本:1/16　印张:11
字数:217 千字

定价:55.00 元
(如出现印装质量问题,我社图书营销中心负责调换)
版权所有,翻印必究

前 言

疏松砂岩气藏广泛分布于我国柴达木盆地、渤海湾盆地、东南沿海等地区。其中，涩北气田是我国典型的、规模最大的疏松砂岩有水气藏。

疏松砂岩有水气藏对气藏压力的改变非常敏感，由于水敏、速敏、压实作用、微粒运移等因素的影响，近井地带的渗流阻力显著增大，气井产量下降。由于气藏储层岩石疏松，气水分布复杂等，此类气藏建立渗流模型时，难以直接移用常规气藏的渗流机理模型，导致现场实用效果并不理想，气藏治水存在诸多困难。

本书以涩北气田为研究对象，介绍了疏松砂岩有水气藏储层合理开发的相关理论。在充分调研疏松砂岩有水气藏储层渗流已有研究成果的基础上，开展应力敏感、两相渗流、出砂分析等实验，并分析疏松砂岩有水气藏储层渗流过程中不同现象的相互影响。结合疏松砂岩有水气藏储层基本地质特征与室内实验结果，引入多孔介质固相分形渗流模型，考虑应力敏感、两相渗流与储层出砂，分别建立考虑上述现象的分形渗流模型。在此基础上，考虑应力敏感、两相渗流与储层出砂的多重影响，建立疏松砂岩有水气藏储层分形应力—两相渗流模型与疏松砂岩有水气藏储层分形应力—两相—出砂渗流模型。通过室内实验结果验证模型的正确性，并对敏感参数分析，确定疏松砂岩有水气藏储层渗流环境的主要影响因素，为疏松砂岩有水气藏开发提供一定的理论指导。全书共分为六章，第一章由彭港珍编写；第二章由奎明清编写；第三章、第四章由谭晓华、彭港珍编写；第五章、第六章由谭晓华、李晓平编写。全书由谭晓华和李晓平统稿。

鉴于编者水平有限，书中难免存在不足之处，敬请广大读者不吝赐教，批评指正。

目 录
CONTENTS

▶ 第一章 绪论
第一节 疏松砂岩有水气藏定义及特点 …………………………………… 1
第二节 疏松砂岩有水气藏的分布 ………………………………………… 3
第三节 分形理论及渗流模型研究进展 …………………………………… 4

▶ 第二章 疏松砂岩有水气藏区块简况
第一节 地层描述 ………………………………………………………… 10
第二节 构造特征 ………………………………………………………… 11
第三节 储层特征 ………………………………………………………… 13
第四节 原始气水分布特征 ……………………………………………… 14
第五节 温度压力特征 …………………………………………………… 16
第六节 开发现状 ………………………………………………………… 17

▶ 第三章 疏松砂岩有水气藏储层基础物性分析
第一节 储层岩石学特征及储集空间 …………………………………… 19
第二节 储层物性特征 …………………………………………………… 41

▶ 第四章 疏松砂岩有水气藏储层渗流实验
第一节 岩心描述与制样 ………………………………………………… 49
第二节 疏松砂岩特殊渗流机理实验分析 ……………………………… 56
第三节 气水两相渗流实验分析 ………………………………………… 62

第四节　岩心出砂实验分析 ………………………………………… 80

第五节　应力敏感性实验分析 ………………………………………… 98

▶ 第五章　多孔介质固相分形渗流模型

第一节　多孔介质固相分形渗流基本模型 ……………………… 117

第二节　多孔介质固相分形应力敏感渗流模型 ………………… 125

第三节　多孔介质固相分形两相渗流模型 ……………………… 134

第四节　多孔介质固相分形出砂渗流模型 ……………………… 144

▶ 第六章　疏松砂岩有水气藏储层分形渗流模型

第一节　疏松砂岩有水气藏储层分形应力—两相渗流模型 ………… 151

第二节　疏松砂岩有水气藏储层分形应力—两相—出砂渗流模型 … 161

▶ 参考文献

第一章 绪论

天然气作为一种清洁、高效的能源，在全球能源结构中的地位愈发重要。疏松砂岩有水气藏与常规砂岩气藏相比，具有埋深浅、易出砂、水体能量活跃的特点，导致其渗流机理与常规气藏存在差异。本章旨在通过对疏松砂岩有水气藏定义及其特点的介绍，探讨其分布规律，并对该类气藏渗流机理的研究进展进行综述。

第一节 疏松砂岩有水气藏定义及特点

疏松砂岩是指处于早成岩阶段、岩石呈弱固结到半固结状态的砂岩，是一种复杂的岩石力学介质，能在特定的环境下发生显著塑性变形，也称作弱胶结砂岩，属于软岩的一种[1]。国际岩石力学学会（ISRM）在1993年将软岩界定为单轴抗压强度为0.5~25 MPa的一类岩石。软岩一般包括工程软岩和地质软岩两种，地质软岩即地质学者常说的疏松砂岩。疏松砂岩有水气藏是指储层岩性为疏松砂岩，且气藏内存在活跃边底水体的一类天然气藏。疏松砂岩有水气藏同时具有疏松砂岩气藏、边底水气藏和多层气藏的特点，是一种非常复杂并且类型特殊的气藏[2]。

一、疏松砂岩气藏

以疏松砂岩为储层的气藏称为疏松砂岩气藏，具有以下的特点。

1. 埋藏深度浅、储层成岩作用弱

气藏埋藏深度一般小于1500 m，在成藏过程中，埋藏深度较浅，或者深埋期比较短，压实作用相对较弱，处于早成岩阶段。碎屑颗粒呈松散状堆积，颗粒接触关系以点式接触为主，其次为点—漂浮式接触。胶结类型主要为孔隙胶结，其次为孔隙—基底型胶结。胶结物一般以泥质为主，其次为钙质。

2. 以原生孔隙为主、储层物性好

疏松砂岩储集空间总体以原生孔隙为主，仅有少量的次生孔隙。原生孔隙以原生粒间孔为主，其次为杂基内微孔；次生孔隙包括少许溶孔和微裂缝。原生孔隙的发育程度主要

受碎屑粒级和泥质含量的影响，颗粒粗、分选好，便于形成大孔隙、粗喉道的原生孔隙。反之，颗粒细、泥质含量高，原生孔隙被充填堵塞，孔隙变小，连通性也随之变差。

3. 储层敏感性强、易受伤害

疏松砂岩储层由于胶结作用弱、孔隙度高、孔喉半径大，储层胶结物以泥质和钙质为主，容易受到水侵、速敏和应力敏感等伤害。

4. 岩石强度低、易出砂

疏松砂岩储层岩石杨氏模量小、岩石强度低，容易遭受破坏而导致地层出砂。

二、边底水气藏

气藏含气边界以外局部或全部被同层的地层水所包围，水体分布于气水界面外围的气藏称为边水气藏；一般储层厚度较大，或者圈闭内天然气充满程度较小，储层厚度与气藏高度之比大于1，水体整体分布于气藏气水界面之下的气藏称为底水气藏[3]。边底水气藏具有如下特点。

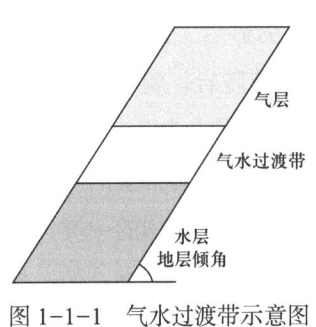

图 1-1-1 气水过渡带示意图

1. 流体分布

气水过渡带是指气藏含气内边界至含气外边界之间的地带。气水过渡带的宽度与储层厚度、地层倾角和气水过渡带高度有关（图1-1-1）。储层厚度越大、地层倾角越小，则气水过渡带越宽。储层物性差，气水过渡带厚，则气水过渡带越宽；对于储层物性好的中—高渗透气藏，气水过渡带很薄。底水通常位于气藏下方，边水则沿气藏边缘分布，水体能量较高，容易对气藏开发产生显著影响。

2. 圈闭类型

圈闭多为构造圈闭（如背斜构造）或地层—构造复合圈闭，具有良好的封闭性。气藏顶部由泥岩或页岩等低渗透性盖层封存，底部和侧部与水体接触。

3. 水体特征

水体规模大小受构造特征、储层岩性和储层物性等多种因素影响。如果气藏外围存在不渗透的断层或岩性边界，则以此作为气藏水体的边界。如果外围没有明显的边界，一般以圈闭线作为水体估算的参考边界；否则，气藏具有无限大水体。

气藏水体能量受水体大小、储层物性、储层非均质性等因素影响。水体体积越大，则水体能量越大；储层物性越好，水体侵入越容易，对开发影响也大；均质储层较非均质储层受水侵危害的影响要小。水体能量可能补充气藏压力，但也可能导致气井早期水淹。

三、多层气藏

多层气藏是指在同一个构造圈闭内纵向上各层相互距离较近、三个以上层状气藏叠置形成的气藏。具有以下的特点[2]。

1. 单层厚度薄、分布稳定

层状气藏储层厚度一般几米至十几米，层内岩性较均一。平面上储层呈席状连续分布，具有较好的平面连通性。

2. 独立气藏

各小层之间通常由低渗透性隔层（如泥岩或页岩）分隔，形成相对独立的储集体，每个小层为一个独立的压力系统。在开发过程中，除井筒外一般不发生层间窜流。

由于成藏条件的差异，每个小层均具有各自独立的气水边界，且各含气小层的含气范围存在差异。

3. 层间非均质性

各气层的孔隙度、渗透率和平面分布差异显著，导致储层内部流体流动特性复杂，垂向上的非均质性尤为突出。一般采用渗透率的变异系数、突进系数和渗透率级差描述储层非均质性。有关砂岩储层非均质性评价标准见表 1-1-1，渗透率的变异系数、突进系数或级差越大，则储层非均质性越严重。

表 1-1-1　砂岩储层非均质性评价标准

储层类型	渗透率变异系数	渗透率单层突进系数	渗透率级差
均质储层	<0.5	<2	<1.8
中等非均质储层	0.5～0.7	2～3	1.8～5.5
强非均质储层	>0.7	>3	>5.5

第二节　疏松砂岩有水气藏的分布

典型的疏松砂岩有水气藏包括柴达木盆地第四系涩北气田、渤海湾盆地新近系孤东气田、云南保山盆地新近系保山气田、云南陆良盆地三岔河地区新近系茨营组浅层气藏、浙江沿海第四系气藏等。

涩北气田位于柴达木盆地东部三湖凹陷第四系湖泊生气区内，属于第四系浅层生物成因气田，是三湖地区湖相沉积[4]。三湖地区指由台吉乃尔湖、涩聂湖和达布逊湖三个沉

积中心构成的一个 $3.7×10^4$ km² 的现代第四系沉积凹陷区[5]。包含涩北一号、涩北二号和台南 3 个整装大型气田。涩北气田具有构造平缓、储层岩性疏松、气层层数多且薄、强非均质性、强边水等鲜明的地质特点。

孤东气田地理上位于山东省东营市垦利县境内，构造上位于济阳坳陷沾化凹陷的桩西—孤东潜山披覆构造带的南端，东南为垦东青坨子凸起，西南为孤南洼陷，西北为桩西洼陷，西部与孤岛潜山披覆构造带相连，东北与桩东凹陷相邻。含气层主要为明化镇组及馆陶组一段、二段，地层厚度 460 m 左右。储层结构疏松，物性好，但非均质性强，纵向上含气层系多。储层岩性一般是泥质胶结细砂岩、粉砂岩，呈正韵律分布。气藏含有边底水，开采过程中易出水出砂[6-7]。

保山气田主要位于西部凹陷中部的永铸街背斜，北侧为岔河次凹，南侧为摆宴屯次凹。具有埋深浅、地层压实程度低、成岩性差、纵向上多产层且厚度小、气水关系复杂、无统一气水界面等特点[8]。

三岔河地区位于云南省曲靖市陆良盆地东南部，茨三段储集层埋深主要为 500~800 m，埋藏浅，时代新。岩石类型以岩屑石英粉砂岩为主，石英粉砂岩次之，并且含有少量长石和白云母。砂岩胶结类型主要为孔隙式胶结，其次为基底式胶结，胶结疏松[9]。

大港油田歧口凹陷中—浅层的油气资源丰富，港东、港西地区是其主要油气聚集区，港东地区目的层为明化镇组和馆陶组，港西地区为馆陶组。其中明化镇组曲流河、馆陶组辫状河沉积砂体厚度大，储集条件优越，具有高孔隙度、高渗透率的特点。馆陶组岩性多为含砾不等粒砂岩，成分主要为石英和燧石[10]。

浙江沿海杭州湾地区储集层为松散未胶结的砂层、贝壳砂层和贝壳层，单层厚度不足 10 m，有的甚至不足 1 m。储层在平面上变化大，单个砂体延伸几十米到几千米，特别是多个砂体在平面上错叠连片，可形成宽数千米、长十余千米的砂体群。砂层由于未胶结，平均孔隙度为 34.3%，平均渗透率为 603 mD。气藏主要分布于古河谷内，为透镜状的岩性气藏。一般气层的有效厚度为 0~3 m，个别地段达 3~5 m。总体来看，该区气藏具有分布广、规模小、埋藏浅、气层薄、压力低、气水同层、储层松散等特点[11]。

第三节　分形理论及渗流模型研究进展

一、水侵动态研究现状

对产水来源、水体能量和水侵量三方面进行调研。判定气藏产水来源，对后续水侵特征研究和水侵治理都是不可或缺的环节。1993 年，张丽囡[12]从流体相态出发，分析总结了各类水源的出水特征；2012年，于希南[13]针对凝析水、层间水等不同水源，建立了识别模型，综合气藏的动态资料及测井资料就能准确判断出水来源；2012年，李锦[14]对水源进行了分类，基于生产动态资料，建立了体积分数判别法。综上，水源的判定需要综合气藏的多种资料，才能得到较为准确的结果。

通过水域范围大小来反映水体能量是最直接的方法，该方法简单但精度较低；2005年，马时刚[15]采用数值模拟技术来计算水体大小，并将该方法与物质平衡法计算结果进行对比验证，效果好但工作量大；2006年，丁良成[16]在物质平衡法的基础上，结合动态数据和静态数据，推导出了计算水体大小的方法；2010年，袁清芸[17]以高压气藏为研究对象，在物质平衡法的理论基础上建立了水体倍数计算方法。

针对水侵量的计算国内外学者所做的工作较多。1936年，Schilthuis[18]建立稳定状态下的水侵量计算模型。1949年，Van[19]建立了不稳定状态下的水侵量计算模型。1966年，Chatas[20]推导了适用了半球形流体系统的水侵系数，结合非稳态模型，用于计算底水气藏水侵量；1971年，Fetkovich[21]在稳态模型和非稳态模型的研究基础上，针对有限封闭水体，建立了水侵量计算的拟稳态模型；1988年，Klins[22]从非稳态模型出发，推导出无因次下的水侵计算模型。1990年，廖运涛[23]将数理统计方法应用于无因次水侵量的计算，给出了水侵量计算经验公式。2006年，赵继勇[24]结合数理统计法，给出了有限封闭水域无因次水侵量计算公式。2023年，李元生[25]考虑底水垂向流动，建立底水气藏非稳态水侵量计算模型。2024年，鲜波[26]将水体分别考虑为无限大水体和封闭水体，建立了其关于双重介质储层和三重介质储层的径向非稳态水侵模型。

以上模型的计算都涉及水侵体积系数、水驱指数等水体参数的确定，但水体参数的获取难度较大，部分学者在经典模型的研究基础上，以更少的参数需求，更简便的算法为目标，推导出了更多模型用于计算水侵量。1978年，陈元千[27]基于物质平衡法理论，提出了利用曲线拟合方法得出水侵体积系数，随之得出水侵量；1994年，张烈辉[28]以裂缝型底水气藏为研究对象，建立了基于数值模拟技术的单井水侵量计算模型；2003年，李传亮[29]提出了计算水侵量的新方法，该方法不需要考虑储层水体大小与构造；2005年，王怒涛[30]将地层压力等作为目标参数，采用最小二乘法寻找参数最佳拟合来计算水侵量；2008年，刘世常[31]以物质平衡方程为基础，建立视地质储量法，结合气藏生产数据计算气藏地质储量和水侵量；2021年，闫正和[32]基于物质平衡原理，建立水侵量计算模型；2023年，岳世俊[33]基于水驱气藏的物质平衡理论，推导了地层平均含水饱和度与出口端含水饱和度的关系，引入存水体积系数，建立了动态储量和水侵量计算方法。

以上水侵量的研究成果已经相当丰富，方法虽多，但在研究具体水驱气藏时，我们应该综合考虑气藏实际条件以及计算的简易程度来选择最适合的计算模型。

二、储层出砂研究现状

疏松砂岩储层在开采过程中难以避免地层出砂的问题,该问题将严重腐蚀地面及井下设备,造成生产井减产甚至停产。因此只有准确预测该砂岩储层是否出砂,以及出砂量,并且选择准确的完井方法,才能实现开采效益最大化。只有对出砂机理、出砂预判的方法以及出砂的影响条件等方面有比较全面的认识,才能对油气藏气井出砂情况进行准确的判断。

前人对出砂机理的研究较少,出砂预测模型的发展历史较短。1974 年,Stein[34] 提出关于油气井出砂的重要概念,利用测井资料来确定和分析出砂井。该方法首先要求油井必须完井且已进行试验,其次要求油井大量出砂,且只能反映出油井生产中的瞬时出砂问题,不能预测油井出砂。1981 年,Coast 等[35] 研究井筒出砂概率与井眼周围应力的关系,提出了砂岩强度测井模型,这个预测的方法适用低产水量油井。2001 年,沈琛[36] 提出一种适用于弱胶结砂岩油藏的岩石破坏准则分析了出砂的预测方法,基于极限塑性应变建立了破坏准则。

经过众多学者的理论与实践研究,预测储层出砂的方法种类繁多,主要有经验公式法、现场预测法、图表法和实验室法等[37]。

现场预测法主要根据岩心分析,综合测井数据与油井试井结果来预测储层出砂。1991 年,霍树义[38] 结合生产资料与测井资料对油井出砂的层位进行预测。

经验图表法和经验法是根据油气井出砂的数据同生产工艺参数间的关系建立的拟合关系,用来预测油气井出砂的参数。德莱赛公司将出砂指数 2~3 的气井判定为少量出砂,3 为不出砂,小于 2 时为出砂[39]。Schlumberger 公式将 5.9×10^7 MPa 作为判定储层是否出砂的界限值[40]。1996 年,Cook[41] 提出井壁岩石在生产压差超过岩石剪切强度并达到 1.7 倍后将产生破裂,同时井筒开始出砂。

实验室法主要是以未胶结的砂岩为研究对象。Selby[42] 等通过模拟井筒与产层的径向流动实验,发现产砂量受到砂粒大小、生产压差、产出流体速度及岩石形状等影响。廖伟等[43] 通过核磁共振仪测量岩心实验前后孔径分布与孔喉分布变化,解决了常规出砂实验过程中出砂量过小难以监测的难题,从微观角度更加全面地探究了地层出砂规律。

理论分析模型主要应用了岩石颗粒破坏机理模型,已建立的有关于压缩破坏的模型主要受到岩石的破坏准则和屈服特性的影响,例如最大应力破坏准则、Mohr-Coulomb 准则和 Druk-Prager 准则等。但是,这类模型无法准确地反映岩石的力学行为和真实的模拟地下流体的流动。为了更深入地研究出砂机理,则需要结合高级的数值方法和材料的本构模型。

在岩石出砂理论模型、模拟研究及数值计算等方面已有很多学者做了相关研究。1989年，Morita 等[44]利用有限元数值模拟方法，建立储层出砂模型，研究储层出砂问题。基于 Morita 的研究结果，Dusselt 和 Santarelli[45]提出研究油气井出砂问题时需要使用两种类型的数值模拟。1999年，Mazen[46]基于神经网络方法提出了一种能够预测油田出砂模型，并运用该模型成功预测出 North Balkan 盆地气井部分重要的出砂指示参数。2011年，Muller[47]提出了一种基于有限元的方法来模拟气井出砂的生产过程，该方法考虑了弹塑性 Cosserat 连续介质中流体—机械耦合的影响。结果表明，连续介质应力张量和应变张量均具有不对称性，有利于指导疏松砂岩出砂预测模型。

20世纪90年代初，我国少数油田在制定完井计划前进行了小规模出砂预测试验，认识到出砂预测技术的重要作用，对出砂预测技术进行了全面研究。在借鉴国外产砂预测技术的基础上，我国在产砂预测技术方面取得了长足的进步。1997年，周建良[48]通过描述油气井出砂发展过程，建立了一个出砂预测系统，这个系统能够有效地控制单一出砂预测方法的不稳定性。2001年，张建国[49]基于采用 Drucker-Prager 强度准则，结合射孔通道周围应力分布，建立了相应的出砂模型，并对其进行了实验验证。2004年，张广清和陈勉[50]为解决高压气层射孔完井后出砂问题，基于有效应力规律建立了应力场中弹塑性地层三维出砂模型，发现最大有效塑性应变位置在射孔起始的上端和下端，最容易产生出砂。同时，地层压力越大，临界生产压力越低，出砂可能性越小。2010年，江朝[51]根据弹性力学基本理论和应力坐标变换理论，结合岩石力学理论及分析方法，将在垂直井射孔轨迹转换成小孔径水平井，建立了基于射孔方位角考虑的新出砂预测模型。2013年，刘先珊[52]基于颗粒流的三维数值模型，从微观结构的角度模拟了砂岩在匀速连续流作用下的动态力学变化。2021年，李思远等[53]采用三维有限元数值模拟技术进行了高泉区块地应力分析及新井水平井段的出砂风险预测及安全压力降取值。2024年，马都都[54]综合考虑井筒内流体流动、高温差下井壁岩石的应力变化、流体渗流效应、地应力在井壁上的复杂分布、地层压力衰竭及水侵因素对出砂的影响，建立了适用于南缘深层高温高压井出砂临界压差的预测模型。

总之，从定性到定量是出砂预测的研究发展方向。预测结果的可靠性依赖于预测时所用方法的研究深度。为了更进一步地提升出砂预测的精确度，往后出砂预测技术的发展将会向多维化和智能化方向发展。

三、分形渗流研究现状

法国的数学家 Mandelbrot[55]通过研究，于1967年首次提出分形这一概念，并于1975年对分形几何理论进行了阐述，分形几何理论中所依据的主要原则是迭代生成原则和自相似原则，标度的无关性是分形体的一个重要特征。通过实验观察，大量学者首先利用实验观察的方法到了砂岩、页岩和碳酸盐岩等多孔介质的分形特征[56-58]。分形渗流模型是一种基于分形几何理论研究复杂多孔介质中流体流动规律的方法。在理论研究中，分形维数计算方法不断改进，提出了盒计数法、相关维数法等多种技术以提高计算精度，同时对分形介质中流体流动的微观机制进行了更深入的揭示，发展了适用于复杂多孔介质的分形渗流方程。

毛细管压力作为孔喉特征的重要参数，可以用来获取多孔介质渗透率、表征相渗曲线。国内外学者常常使用压汞测试实验获取的毛细管压力曲线来评价多孔介质的孔隙结构。众多学者在常规分析方法基础上建立起了一系列毛细管压力的模型和无量纲毛细管压力的函数，这其中有一定程度的经验参数，物理性质并不明确。除此之外，这些模型只适用于个别岩样，无法普遍表征整个储层。2005年，Deinert[59]结合热力学第一定律，基于多孔介质分形描述原理对毛细管力受力平衡的过程进行简化分析，但毛细管力同饱和度以及多孔介质特征没有在研究中体现。2008年，Deinert[60]在毛细管力模型中引入孔隙表面分形维数和孔隙体积，建立起饱和度同毛细管压力的关系。2010年，Li[61-62]从分形几何原理出发，采用了三种方法来计算多孔介质的分形维数，推导出了Brooks-Corey毛细管压力模型，表明该经典模型并不适用于流体渗析过程，只适用于油水驱替的过程，且只适用于分形维数小于3的岩样。2014年，Gao[63]通过诠释平均毛细管直径和临界条件的比建立了全新无量纲毛细管力函数，修正了经典的半经验无量纲毛细管压力函数，在物理层面上更为准确描述多孔介质。

确定多孔介质的渗透率常用的方法包括实验法和模型推导法。用实验法无法取得准确的储层渗透率数值，这是由于实验设备精度有限，并且很难通过实验表征储层的总体渗透率特征；由于数学模型含有经验常数，因此也难以表征多孔介质较为复杂的渗透率特征。1990年，Chang[64]首次将分形理论引入渗流力学中，在基质中嵌入分形裂缝网络模型，在此基础上恰当变换扩散方程来说明在分形裂缝网络中的单相流动，以此推导出了分形油藏不稳定渗流方程。1999—2000年，Pape[65-66]在基质和砂岩孔隙的分形特征基础上，推导出了基于多孔介质分形模型的渗透率公式。2006年，Costa[67]基于引入的孔隙空间分形维数，得出了Kozeny-Carman方程常数与其影响因素孔隙度和分形渗透率的数学方程。2006年，Guarracino[68]对Sierpinski毯式分形模型进行改进，在此基础上得到了裂缝网络渗透率模型，并利用该模型成功进行了水力压裂裂缝的导流能力的预测研究。2008年，Xu[69]利用分形多孔介质毛细管束模型建立了Kozeny-Carman方程修正模型。2015年，郑斌[70]通过考虑多孔介质地表面积，在Xu的研究上更进一步推出了Kozeny-Carman方程中的修正模型表达式。2015年，Liu[71]基于分形几何理论，利用蒙特卡罗方法推出了裂缝网络渗透率表达式。2015 年，Miao[72-73]在分形理论的基础上，推导出了裂缝网络渗透率模型和双孔介质的分形渗透率模型。2017 年，Zhao[74]应用格子 Boltzmann 法（LBM）研究了不混溶流体在多孔介质中的相对渗透率，分析了毛细管数的影响。2019 年，Lei 等[75]基于分形理论，考虑孔隙结构、毛细管压力等不同因素，推导出了应力作用下的相对渗透率表达式。2023 年，Tan[76]研究了固体颗粒脱离引起的多孔介质渗透率的变化。

第二章　疏松砂岩有水气藏区块简况

涩北气田位于青海省格尔木市，气田地貌特征以沙漠及盐碱滩地为主，地势平坦，平均海平面高度为2750 m，年平均温度为3.7 ℃，平均年降水量范围是50～250 mm，年平均蒸发水量为2050 mm，属典型的高原地区干燥气候。目标区周边工业较不发达，基本为无人区，工区较偏远，与工业化大城市相比具有较大差距。

第一节　地层描述

涩北一号、涩北二号、台南构造纵向上含气井段长、气层多，从上向下钻透的地层依次是第四系七个泉组（Q_{1+2}）及新近系狮子沟组（N_2^3）。井下钻遇的该套地层厚度达1712～2080 m，岩性以灰色泥岩和砂质泥岩为主，夹灰色泥质粉砂岩、粉砂岩及少量细砂岩，下部有少量灰黑色碳质泥岩条带。自下而上，岩性总体由粗变细，存在两套正旋回沉积，表现为多物源特征，水动力条件较弱，分选差，以受泥砂影响较大的滨浅湖和浅湖相沉积为主，具有地层年代新、沉积速度快、成岩性差、岩性疏松的特点，泥岩可塑性强、砂泥岩交互沉积、纵向上岩性及地层厚度变化大（表2-1-1）。

涩北气田具有砂泥岩层频繁间互沉积、气水层间互分布的特点，前人根据该区湖相席状砂泥岩层横向延续好、稳定性强、可比性突出、易于追踪的特点，在多井电性特征对比的基础上，在涩北组内部确定了13个岩性、电性标准层（K_1—K_{13}）。据此将地层剖面划分为涩北一号气田五套层系、涩北二号气田四套层系和台南气田五套层系，各气层系之间有区域性稳定的厚泥岩隔层。在层系内，以沉积相、砂泥发育的旋回韵律特征为依据，结合层系内储量单元的分布情况，参考标志层确定砂层组的层位界线，在涩北一号气田的五套层系内划分出19个砂层组，在涩北二号气田的四套层系内划分出20个砂层组，在台南气田的五套层系内划分出25个砂层组。砂层组内上下被较薄泥岩隔层隔开的储层称为小层，将涩北一号气田划分为94个小层，涩北二号气田划分为84个小层，台南气田划分为68个小层，各小层具有独立的气水界面，与上下小层不连通。

表 2-1-1　涩北气田地层层序表

地层层序				视厚度/m	标准层	主要岩性特征
系	统	组				
第四系	全新统	盐桥组	Q_4	317	地面—K_1	上部多为盐岩覆盖层，水溶盐含量高达5%～9.38%，中下部以浅灰色和棕灰色泥岩为主，夹有少量粉砂岩层和未炭化的植物碎屑
	上更新统	达布逊组	Q_3			
	中更新统	察尔汗组	Q_2			
	下更新统	涩北组中上段	Q_1^2	1427	K_1—K_{10}	以灰色、深灰色泥岩为主，粉砂岩、泥质粉砂岩为次，呈频繁间互的等厚互层，夹有细砂岩和钙质泥岩，偶见以石英、长石为核心的鲕粒砂岩；为气藏主力生气层和气藏发育段
		涩北组下段	Q_1^1	225	K_{10}—K_{13}	以浅灰色和棕灰色砂质泥岩和泥岩、浅灰色细砂岩、粉砂岩、泥质粉砂岩为主，中部夹有黑灰色、褐灰色碳质泥岩和含碳泥岩，存在规模较小的气藏
新近系	上新统	狮子沟组	N_2^3	未见底	K_{13}以下	以棕灰色、浅灰色、灰色泥质岩为主，夹有粉细砂层

第二节　构造特征

现场详细勘测发现，涩北气田背斜构造位于柴达木盆地东部三湖凹陷第四系湖泊生气区内，为第四系形成的同沉积背斜，地下构造与地面构造基本相似，尚未发现断层切割，构造平缓，两翼地层倾角1.0°～2.8°，属构造简单完整、隆起幅度小且两翼宽大平缓的典型背斜圈闭。构造由浅至深，地层倾角和构造幅度增大，两翼基本对称（表2-2-1）。涩北二号气田的构造简图如图2-2-1所示。

表 2-2-1　涩北气田构造要素表（K_7）

气田	长轴走向	长轴/km	短轴/km	两翼倾角/(°)		闭合面积/km²	闭合高度/m	高点埋深/m
				南	北			
涩北一号	近东西向	10.0	5.0	2.0	1.5	49.8	50.0	1 170.0
涩北二号	近东西向	14.5	4.3	2.8	2.2	59.4	60.0	1 177.0
台南	近东西向	11.4	4.9	1.8	1.4	33.6	49.0	1 169.0

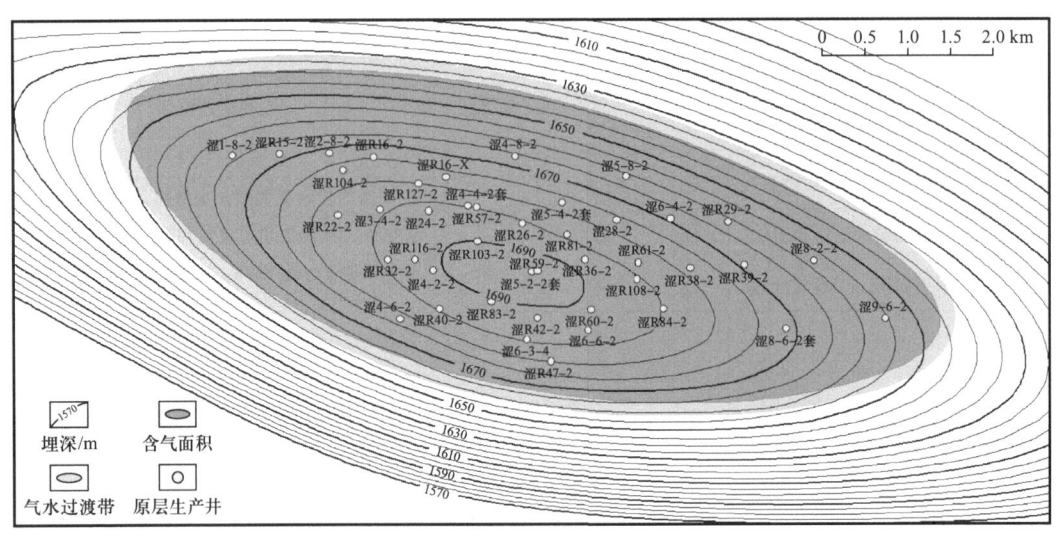

图 2-2-1 涩北二号气田井位分布及构造简图

其构造主要特征如下：

（1）构造完整。

气田构造完整，且规模较大。气田构造形态为近北西西方向的短轴背斜；构造演化史表明气田为同沉积背斜构造，属于背斜构造圈闭，圈闭完整，无断层发育。涩北一号气田钻井 K_7 标准层圈闭面积为 49.8 km^2，闭合高度为 50 m，高点埋深为 1170 m。

（2）为短轴背斜构造。

气田的构造形态是短轴背斜，由深到浅，构造长轴和短轴长度逐渐减小，长短轴比逐渐增加，最大长短轴比为 2.4∶1。

（3）各小层构造高点位置基本一致。

涩北一号气田背斜构造高点位于涩 3-16 井和新涩 4-3 井附近，自下而上，各小层构造高点的位置基本上没有发生变化，始终在该井区。涩北二号气田上下各层的构造高点位置没有明显的变化，基本位于涩中 1 井和涩 21 井附近。台南气田上下各层的构造高点位置也没有明显的变化，基本位于台试 5 井和台南 5 井附近。

（4）地层平缓，各翼倾角略有不同。

涩北三大气田背斜具有顶部缓、翼部陡的特点。背斜各翼的倾角均较小，北翼缓、南翼陡，从深到浅，背斜南翼和北翼的倾角均逐渐减小，气田沉积的地层顶部薄、翼部加厚，呈现较为典型的同沉积背斜的构造特征。

（5）多气水分布。

气藏有多气水系统，有边水。

（6）自上而下，气田构造闭合高度逐渐增大。

随着层位变深，闭合高度逐渐增大，闭合面积也有逐渐增大的趋势。

第三节 储层特征

涩北组储层为一套湖相沉积，发育有滨岸沼泽、滨湖、浅湖和半深湖 4 种亚相类型，砂坝、滩砂、席状砂、泥滩和沼泽泥 5 种微相类型，不同相区岩性和物性的差别较大。储层岩性以含泥粉砂岩和泥质粉砂岩为主，夹少量细砂岩，碎屑含量平均占 69.7%，杂基占 16.1%，胶结物占 14.2%。涩北气田均表现为高孔隙度、中—低渗透率的特点。纵向上储层物性变化较大，层间非均质性强。砂岩平面发育连续性较好，平面展布的非均质性不强，但各小层平面非均质程度存在明显的差异。为自生自储式原生气藏。

涩 3-2-4 井化验分析比较系统全面，该井取样岩心长度为 73.08 m，分析储层水平渗透率和孔隙度样品共 1375 块。对该井岩心分析按气层组进行岩样孔隙度和渗透率的统计（表 2-3-1）。岩样孔隙度最小为 10.3%，最大为 43.0%，平均为 32.4%；渗透率最小为 0.12 mD，最大为 469 mD，平均为 19.0 mD。

表 2-3-1 涩 3-2-4 井岩性与物性对应关系分析结果统计表

气层组	取样顶深/m	取样底深/m	岩性	孔隙度/% 范围	孔隙度/% 平均	渗透率/mD 范围	渗透率/mD 平均
〇	520.52	572.8	泥岩	30.1~40.7	35.34	1.19~107.00	31.36
			含粉砂及砂质泥岩	24.6~40.9	33.70	0.50~327.00	52.50
			泥质粉砂岩	30.2~43	37.20	3.60~332.00	68.10
			含泥粉砂岩	28.6~41.1	35.30	4.62~193.00	39.24
一	811.02	843.03	含粉砂及砂质泥岩	32~36.1	33.95	2.95~21.70	11.38
			泥质粉砂岩	10.3~36.3	32.25	1.91~44.80	17.50
			含泥粉砂岩	35.3~38.3	36.87	8.97~142.00	75.36
二	1 071.03	1 094.95	泥岩	31.6	31.60	1.86	1.86
			含粉砂及砂质泥岩	30.5~31.9	31.20	1.83~5.19	3.51
			泥质粉砂岩	21.7~33.9	28.85	0.12~24.90	6.33
			含泥粉砂岩	18.9~33.4	28.36	0.85~54.80	8.35
三	1 310.8	1 335.45	含粉砂及砂质泥岩	22.8~32.4	29.44	0.46~33.30	10.79
			泥质粉砂岩	25.1~34.0	30.32	2.18~71.10	20.80
			含泥粉砂岩	17.0~35.9	30.00	4.95~469.00	68.28

第四节 原始气水分布特征

一、流体分布

涩北气田气水分布主要受构造控制，局部受岩性影响，分布比较复杂。气层集中于构造高部位，层数多、井段长、横向连通率高、分布稳定。地层水主要以边水形式为主，气水边界不一致，而且气水界面有南高北低的特点，边部、腰部气水层间互交错，气水分布比较复杂。三个气田气水分布存在差异，涩北一号气田气层间发育水层 14 层，气水层 4 层；涩北二号气田气层间发育水层 10 层，气水层 6 层；台南气田气层间发育水层 5 层，气水层 3 层（表 2-4-1）。另外，涩北一号气田气层分布井段最长，台南最短。

表 2-4-1 涩北气田气水层分布统计表

气田	气层数/个	分布井段/m	纵向跨度/m	含气面积/km^2	累计厚度/m	平均气层厚度/m	水层数/个
涩北一号	79	429.0～1 599.0	1 170.0	46.7	101.9	2.89	14
涩北二号	66	408.0～1 419.3	1 011.3	44.6	90.1	3.50	10
台南	54	833.0～1 740.7	907.7	35.9	94.4	4.20	5

二、流体性质

涩北气田产出天然气为纯干气，组分以甲烷为主，含量在 98% 以上，含少量乙烷、丙烷和氮气，不含硫化氢等有害气体。天然气相对密度平均为 0.557 6，平面和剖面上的天然气性质的分布来基本上无大的区别，天然气物性基本一致。

涩北气田地层水的水型主要为 $CaCl_2$ 型，地层水矿化度较高。其中，涩北一号气田地层水矿化度为 23 114～171 026 mg/L，平均为 140 102 mg/L，密度平均为 1.115 g/cm^3，电阻率平均为 0.052 Ω·m；涩北二号气田地层水矿化度平均为 137 968 mg/L，密度平均为 1.075 g/cm^3，电阻率平均为 0.037 Ω·m，自西向东，地层水总矿化度和地层水密度有减少趋势；台南气田地层水矿化度平均为 161 544 mg/L，密度平均为 1.134 g/cm^3，电阻率平均为 0.029 Ω·m，地层水矿化度有随深度增加的趋势。但总体上看，各气层组的地层水总的矿化度相差不大，封闭性能良好。涩北一号气田 pH 值为 5.0～7.1，涩北二号气田 pH 值为 7.4，为中等偏弱碱性；台南气田为中等弱酸性。

三、气层分布

相似的沉积条件及沉积环境使涩北三大气田具有相同的气层分布特征：气层平面上连

通性较好，但同一气层在平面上的好、中、差类型变化频繁，同一气层存在高部位物性和含气性较好的Ⅰ类气层，低部位存在较差的Ⅲ类气层，并且各井区类别不一，气层平面非均质性较强；气层多、气层分布井段长。

涩北一号气田目前已探明五套含气层组（〇、一、二、三和四气层组），天然气分布受构造高点、岩性、夹层水、边水等多种因素控制，其富集程度总体上是构造高部位优于低部位，北部优于南部。由浅至深，〇、一气层组各个小层含气面积小，二层组下部到四层组上部各小层含气面积大，四层组下部各小层含气面积小，呈小—大—小的趋势。涩北一号气田主要为构造气藏，大多数小层中，天然气主要分布在背斜构造的高部位，圈闭类型为背斜圈闭。同时，由于各小层沉积时期沉积环境、物源供给物质以及所处部位的不同，部分小层气层分布受岩性控制，圈闭类型为岩性圈闭，含气边界受岩性影响，呈不规则状。此外，在构造为主要控制因素的小层中，部分井区也出现因砂岩性质变化而出现的局部岩性边界，如1-1-1、2-3-4、2-4-3等小层，同一小层中既存在气水边界，又存在岩性边界，这类小层在涩北一号气田中十分普遍。各气层含气面积相差很大，最小为 0.3 km^2（4-5-6小层），最大为 37.8 km^2（4-1-1小层），气水边界在剖面上呈犬牙交错状。因此，在气田构造高部位钻遇气层层数多，气层厚度大，而构造低部位气层层数少，厚度小。由于受水动力因素的影响，导致南北含气边界高度不一致，南北两翼气水界面存在明显的偏移，气田构造南翼气水界面比北翼气水界面高，含气范围小于构造北翼，构造北翼含气面积大。

涩北二号气田已探明四套含气层组（〇、一、二和三气层组），纵向上由多个气藏叠置而成，并且气藏的纵向分布整体具有上部和下部气藏规模较小，中部气藏规模较大的特点。气层分布井段长，层数多，埋藏浅，主要集中在408～1419 m的井深范围内。气层分布主要受构造控制，局部地区和小层受岩性控制，构造高部位气层多，有效厚度大，低部位气层少、厚度小，部分井无气层。单气层厚度差异不大。平面上气层分布广，厚度较稳定，气层连通性好，但同一气层在平面上好、中、差等级类型变化频繁。各气层含气面积相差很大，气水边界犬牙交错。气田具有多气水系统，气藏为边水环绕。各含气小层均有独立的气水界面。气水界面存在"南高北低"现象。

台南气田已探明七套含气层组（浅层、〇、一、二、三、四和五气层组），气层分布在530～2100 m，主要集中在833.0～1 740.7 m的井深范围内。气层面积差别较大，小于 10 km^2 的小面积气层大量存在，面积较大气层在纵向分布上局部相对集中。气层平面连通性较好，但同一气层在平面上各井区好、中、差等级类型变化频繁。通常，同一气层在高部位属于物性和含气性较好的Ⅰ类气层，而到了低部位又变为较差的Ⅲ类气层，气层平面渗透率具有一定的非均质性。各含气小层均有独立的气水界面。根据目前井控程度及资料录取情况，台南气田的气水界面主要受构造控制。

四、水层分布

涩北一号气田纵向上独立水层主要分布在气层集中段的上部位和下部位,少量水层间互分布于气层之间;平面上以边水形式存在,主要在背斜构造的低部位,横向上与高部位的气层相连通,以气水界面的形式相接,气水过渡带较宽。气层间发育水层 10 层,气水层 4 层。研究证实涩北一号气藏边水能量较弱,属弱水驱。

涩北二号气田独立水层基本分布在 1370 m 以下层位,少量水层间互分布在气层之间,夹层水一般分布于各气层组的底部及各计算单元的底部;从构造平面上分析,各含气小层均有边水环绕,边水分布在构造的翼部。储层高部位含气,边部位含水,气水过渡带较宽。个别气层边部受岩性及非均质影响与边水有隔开现象。气层间有水层 10 层,气水层 6 层。

台南气田在气层之间解释出独立水层 5 个,分布在○、二、三和四气层组。各含气小层均有边水环绕。储层高部位含气,边部位含水,气水过渡带较宽。含水气层、气水同层和含气水层多见于构造翼部和边部气水过渡带的井中。

涩北气田地层水以层内孤立小水体、储层束缚水、夹层束缚水、层内可动水和层间水层等多种形态存在,主要以边水为主。

五、气水过渡带

由于构造平缓,构造和岩性控制的气水过渡带造成涩北气田的气水边界分布范围广,位于构造中、低部位的气井容易被边水突破而见水,但是储层的强非均质性给边水的突进造成较大的阻断作用,造成气井见水动态差异极大,见水时间和出水量不规律,出水动态并不完全与井到气水边界的距离成一致关系。连通性差,即使位于低部位,见水时间也较晚,但如果存在高渗透条带,即使离边水较远,也可能提前见水,且大量出水。

第五节 温度压力特征

一、温度系统

由试井、试气实际测量温度数据,回归涩北气田深度与温度关系曲线。

涩北一号气田:

$$T=0.040\ 9D+6.084 \qquad (2-5-1)$$

涩北二号气田:

$$T=0.036\ 9D+13.150 \qquad (2-5-2)$$

台南气田：

$$T=0.032D+11.942 \quad (2\text{-}5\text{-}3)$$

式中　T——地层温度，℃；

　　　D——气层中部深度，m。

涩北一号气田地温梯度最高，为 4.09 ℃/100 m，其次是涩北二号气田，为 3.69 ℃/100 m，台南气田最低，为 3.20 ℃/100 m。三个气田的地温梯度均高于正常地温梯度。

二、压力系统

根据气田原始地层压力测压点数据，经过压力折算以后，地层压力和深度存在线性关系。

涩北一号气田：

$$p=31.626\ 9-0.011\ 9H \quad (2\text{-}5\text{-}4)$$

涩北二号气田：

$$p=32.294\ 6-0.011\ 7H \quad (2\text{-}5\text{-}5)$$

台南气田：

$$p=31.211\ 5-0.011\ 4H \quad (2\text{-}5\text{-}6)$$

式中　p——地层压力，MPa；

　　　H——地层海拔，m。

涩北三大气田压力系统都属正常压力系统，压力系数为 1.14~1.19。三大气田原始地层压力梯度曲线几乎重合，说明各气田成藏水动力系统具有一定的内在联系。

第六节　开发现状

截至 2024 年 12 月，涩北气田日产能力为 $1\ 357.08\times10^4\ m^3$，平均单井日产水量为 $13.27\ m^3$，水气比为 $13.31\ m^3/10^4\ m^3$。原始平均地层压力为 13.69 MPa，目前平均地层压力为 5.26 MPa；累计产气量为 $1\ 010.56\times10^8\ m^3$，累计产水量为 $2\ 965.66\times10^4\ m^3$，探明地质储量采出程度为 35.39%。涩北气田的主要开发指标见表 2-6-1。

涩北一号气田共有生产井 709 口，其中直井 697 口，水平井 12 口，日产能为 $645.66\times10^4\ m^3$，平均单井日产水量为 $6.08\ m^3$；原始平均地层压力为 12.03 MPa，目前平均地层压力为 4.56 MPa；累计产气量为 $368.26\times10^8\ m^3$，累产水量为 $525.17\times10^4\ m^3$，采出程度为 37.18%，水气比为 $5.84\ m^3/10^4\ m^3$。

表 2-6-1　涩北气田主要开发指标统计表

气田	探明地质储量 / 10^8 m³	总井数 / 口	井口产能 / 10^4 m³/d	自然递减率 / %	综合递减率 / %	工业累产气量 / 10^8 m³	水气比 / m³/10^4 m³	累产水量 / 10^4 m³	原始地层压力 / MPa	目前地层压力 / MPa
涩北一号	990.61	709	645.66	20.29	1.49	368.26	5.84	525.17	12.03	4.56
涩北二号	826.33	648	536.57	20.24	6.78	299.59	6.61	658.12	12.10	3.80
台南	1 061.88	302	174.85	18.79	−9.32	342.71	61.46	1 782.37	16.94	7.43
合计	2 878.82	1659	1 357.08	20.11	2.61	1 010.56	13.31	2 965.66	13.69	5.26

涩北二号气田共有生产井 648 口，其中直井 640 口，水平井 8 口，日产能为 536.57×10^4 m³，平均单井日产水量为 6.81 m³；原始平均地层压力为 12.10 MPa，目前平均地层压力为 3.80 MPa；累计产气量为 299.59×10^8 m³，累计产水量为 658.12×10^4 m³，采出程度为 36.26%，水气比为 6.61 m³/10^4 m³。

台南气田共有生产井 302 口，其中直井 281 口，水平井 21 口，日产能为 174.85×10^4 m³，平均单井日产水量为 48.84 m³；原始平均地层压力为 16.94 MPa，目前平均地层压力为 7.43 MPa；累计产气量为 342.71×10^8 m³，累计产水量为 $1\,782.37 \times 10^4$ m³，采出程度为 32.99%，水气比为 61.46 m³/10^4 m³。

第三章 疏松砂岩有水气藏储层基础物性分析

目前，关于疏松砂岩有水气藏的渗流机理还不是十分成熟，对气井的出砂机理和气水运动规律还难以完全把握，一些特殊的渗流机理和开发机理目前只停留在定性、半定量认识的基础上，许多重要的开发实验参数尚未获得，不仅增加了气田开发的难度，同时也增加了生产动态预测的难度及精度。基于上述问题，以涩北气田疏松砂岩有水气藏为例，取储层岩石样品开展相关基础测试，深入认识疏松砂岩气藏的渗流特征。

第一节 储层岩石学特征及储集空间

一、岩石矿物特征

对涩 3-2-4 井进行全岩 X 衍射分析，该井主要的岩性为粉砂质泥岩以及泥质粉砂岩，测试的 124 块岩样样品中均含黏土、石英、钾长石，仅 21.8% 的测试岩样样品中含黄铁矿。其中黏土含量为 16%～54%，平均为 36.9%；碎屑矿物主要组成部分为石英，其含量为 20%～46%，平均为 30.2%；方解石含量为 7%～32%，平均为 13.4%；斜长石含量为 7%～28%，平均为 12.7%；钾长石含量为 1%～16%，平均为 3.7%。该井 77.4% 岩样中含有白云石，白云石含量为 1%～9%，平均为 3%；石盐与黄铁矿平均含量分别为 1.7% 和 3.1%（表 3-1-1）。

黏土矿物分析表明，伊利石为涩北气田黏土矿物的主要成分，其相对含量为 39%～64%，平均为 51.5%；其他黏土矿物成分为伊/蒙混层，其相对含量为 5%～46%，平均为 22.9%；间层比为 40%～73%，平均为 54%；绿泥石的相对含量为 10%～28%，平均为 16.2%；高岭石相对含量为 5%～13%，平均为 9.4%（表 3-1-2）。

通过铸体薄片镜下观测统计，涩 3-2-4 井岩性主要为粉砂质泥岩，占样品的 67%；其次为泥质粉砂岩，占样品的 27%；岩样中还有 3% 的含粉砂泥岩以及各占 1.5% 的含灰粉砂质泥岩和含灰泥质粉砂岩，见表 3-1-3。

表 3-1-1　涩 3-2-4 井全岩定量分析统计表

矿物	全岩定量分析 /%			块次 / 块	占岩样样品总数百分比 /%
	最小值	最大值	平均值		
黏土总量	16	54	36.9	124	100
石英	20	46	30.2	124	100
钾长石	1	16	3.7	84	67.7
斜长石	7	28	12.7	124	100
方解石	7	32	13.4	122	98.4
白云石	1	9	3.0	96	77.4
石盐	1	5	1.7	109	87.9
黄铁矿	1	13	3.1	27	21.8

表 3-1-2　涩 3-2-4 井黏土矿物相对含量统计表

矿物	黏土矿物相对含量 /%			块次 / 块
	最小值	最大值	平均值	
高岭石	5	13	9.4	124
绿泥石	10	28	16.2	124
伊利石	39	64	51.5	124
伊/蒙混层	5	46	22.9	124
混层比	40	73	54.0	124

表 3-1-3　涩 3-2-4 井黏土矿物相对含量统计表

序号	样号	井深 /m	岩性	序号	样号	井深 /m	岩性
1	1 1/2-2-13	521.29	粉砂质泥岩	10	13 1/2-2-3	553.14	粉砂质泥岩
2	2 1/2-3-3	525.34	粉砂质泥岩	11	13 1/2-3-9	554.60	泥质粉砂岩
3	4 1/2-2-1	530.09	泥质—极细砂粉砂岩	12	14 1/2-1-7	556.85	泥质粉砂岩
4	4 1/2-2-3	530.19	泥质粉砂岩	13	18 1/2-3-4	571.65	粉砂质泥岩
5	5 2/3-1-4	531.74	泥质粉砂岩	14	22 1/2-1-5	817.51	粉砂质泥岩
6	5 2/3-2-1	532.23	粉砂质泥岩	15	23 2/3-2-10	822.26	泥质粉砂岩
7	9 1/2-2-5	542.61	粉砂质泥岩	16	23 2/3-3-10	823.45	泥质粉砂岩
8	10 1/2-2-5	544.77	粉砂质泥岩	17	27 1/2-1-6	834.92	泥质粉砂岩
9	12 1/2-2-6	551.57	泥质粉砂岩	18	28 1/2-2-8	838.61	粉砂质泥岩

续表

序号	样号	井深/m	岩性	序号	样号	井深/m	岩性
19	29 1/2-2-2	842.16	粉砂质泥岩	27	33 2/3-1-4-3	1 312.81	粉砂质泥岩
20	30 1/2-3-3	1 072.13	含粉砂泥岩	28	34 1/2-2-6-11	1 322.50	泥质粉砂岩
21	30 1/2-4-3	1 073.14	泥质粉砂岩	29	34 1/2-2-7-8	1 323.53	泥质粉砂岩
22	31 1/2-1-2-4	1 080.13	含粉砂泥岩	30	34 1/2-2-8-3	1 324.08	泥质粉砂岩
23	31 1/2-2-6-5	1 083.48	泥质粉砂岩	31	36-1-9	1 332.42	泥质粉砂岩
24	32 1/2-1-4-8	1 089.45	粉砂质泥岩	32	36-2-10	1 333.60	粉砂质泥岩
25	32 1/2-2-8-4	1 093.42	粉砂质泥岩	33	36-3-10	1 334.50	泥质粉砂岩
26	33 2/3-1-2-4	1 311.00	泥质粉砂岩				

极细—粉砂砂粒的粒径范围主要为 0.01～0.12 mm，砂粒主要包含方解石屑、长石、石英以及少量白云石屑和云母碎屑。部分云母碎屑粒径可达 0.3～0.5 mm，部分碎屑颗粒绿泥石化。

填隙物主要为泥质，呈现星点—鳞片状结构分布，成分大多为伊利石。白云石呈泥晶结构，方解石同泥质相混，黄铁矿泥晶结构大多呈莓状分布，菱铁矿大多呈朵状分布。

岩样中炭屑和碳质普遍存在。碳质大多与泥质相混合，顺层分布，岩屑多为条片状的顺层分布；局部发育溶孔和溶缝；岩石薄片中多见层理构造，粉砂及泥质主要呈层状富集，颗粒多且呈悬浮状分布；泥质粉砂岩的长形颗粒多呈定向分布，说明经历过一定的成岩作用。

在不同深度段，不同岩性所含成分没有显著差异，在泥岩类中多见碳质和黄铁矿。

对一些典型的岩石类型分别描述如下：

含粉砂泥岩：如 31 1/2-1-2-4 号样（图 3-1-1），粉砂质、碳质和泥质相对集中分布，泥质含量为 70%，粉砂质含量为 20%，碳质含量为 8%，菱铁矿含量为 2%。泥质呈现星点—鳞片结构，主要成分为伊利石。粉砂砂粒粒径为 0.01～0.06 mm，以石英为主，含有部分方解石屑、云母碎屑以及长石，碳质主要呈团块或条带状分布。在粉砂富集处含有少量的粒间孔，占比为 0.5%。

粉砂质泥岩：部分铸体含裂缝，裂缝率为 0.5%～1%。如 5 2/3-2-1 号样品（图 3-1-2），泥质含量为 55%，粉砂质含量为 40%，方解石含量为 5%。泥质为星点—鳞片结构，成分以伊利石为主。粉砂砂粒粒径为 0.01～0.06 mm，成分以石英为主，含有部分方解石屑、云母碎屑以及长石。部分方解石的泥晶结构和泥质相混合。

 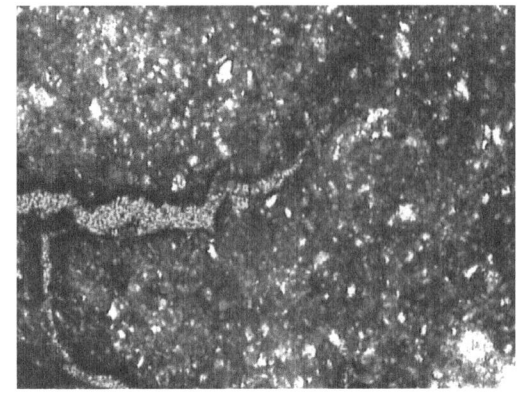

图 3-1-1　31 1/2-1-2-4 号样含粉砂泥岩　　　　图 3-1-2　5 2/3-2-1 号样粉砂质泥岩

2 1/2-3-3 号样品（图 3-1-3），泥质含量为 58%，粉砂质含量为 35%，方解石含量为 5%，白云石含量为 2%。泥质为星点—鳞片结构，主要成分是伊利石。粉砂颗粒直径为 0.01～0.06 mm，主要成分是石英，含有部分方解石屑、云母碎屑以及长石，还含有少量的白云石屑。其中部分白云石、方解石是泥晶结构，和泥质相混或是部分富集呈团块状。铸体出现 1% 的溶缝及溶孔。

23 2/3-3-10 号样品（图 3-1-4），由于相对集中分布的泥质、粉砂质及碳质而发育层理。泥质含量为 52%，粉砂质含量为 40%，碳质含量为 5%，方解石含量为 3%。泥质为星点—鳞片结构，主要成分为伊利石。超细砂—粉砂砂粒直径为 0.01～0.12 mm，主要成分为石英，含有部分方解石屑、云母碎屑和长石，以及少量的白云石屑。粉砂质富集处可见粒间孔，孔径为 0.01～0.05 mm，占岩样总体积的 2%。

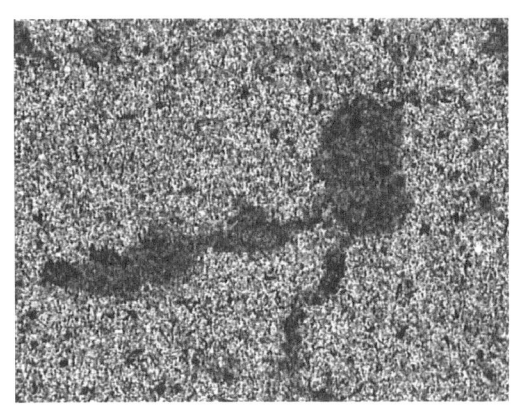 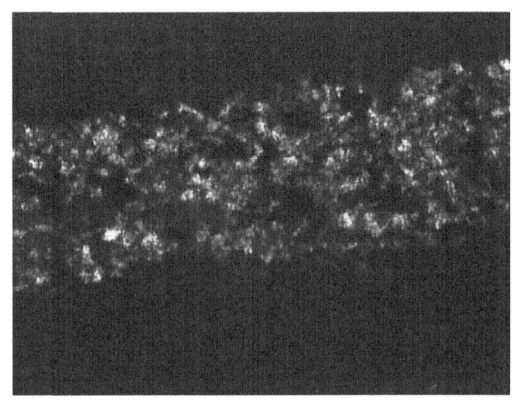

图 3-1-3　2 1/2-3-3 号样粉砂质泥岩　　　　图 3-1-4　23 2/3-3-10 号样粉砂质泥岩

泥质超细砂—粉砂岩：如 4 1/2-2-1 号岩样（图 3-1-5），其颗粒呈悬浮状，发育定向的矩形状颗粒。泥质为星点—鳞片状结构，主要成分为伊利石。与泥质混合的方解石为泥晶结构。超细砂—粉砂质主要成分为石英、云母碎屑、方解石屑以及少量长石。粒间孔可见，其粒径范围为 0.01～0.02 mm。粒间孔占岩样总体积的 1%，面孔率为 1%。

泥质粉砂岩：如 13 1/2-3-9（图 3-1-6），其颗粒呈悬浮状，发育定向的矩形状颗粒。泥质为星点—鳞片状结构，主要成分为伊利石。粉砂质的主要成分为石英，含有部分长石、方解石屑以及少量的白云石屑和云母碎屑。其中部分方解石与白云石为泥晶结构，且与泥质混合。铸体出现微孔隙，孔径为 0.01～0.02 mm。岩样面孔率为 1%。

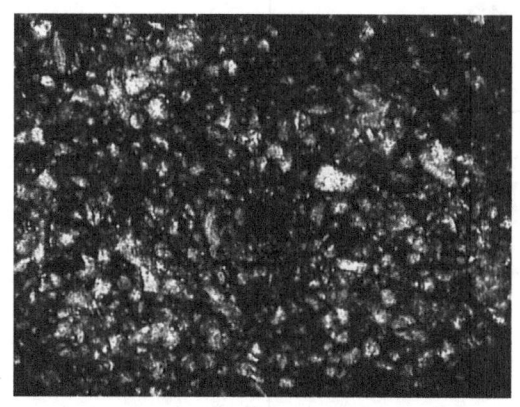 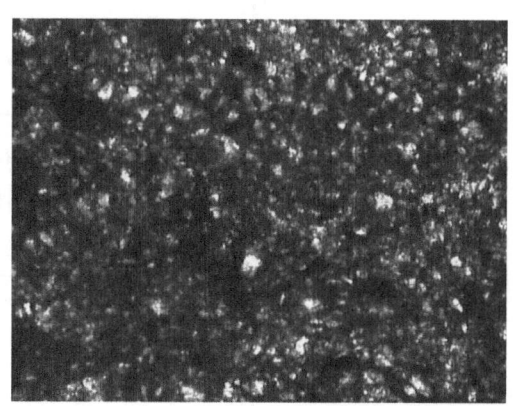

图 3-1-5 4 1/2-2-1 号样泥质—极细砂粉砂岩　　图 3-1-6 13 1/2-3-9 号样泥质粉砂岩

二、粒度特征

1. 测试数据分析

沿程取样 94 次，分别测其粒度组成，汇总了所有测试样品的 D10、D25、D40、D50、D75、D90 和 D95，并计算了粒度的不均匀系数（D40/D90）及粒径的分选系数（D10/D95），典型粒度分布曲线如图 3-1-7 至图 3-1-9 所示。

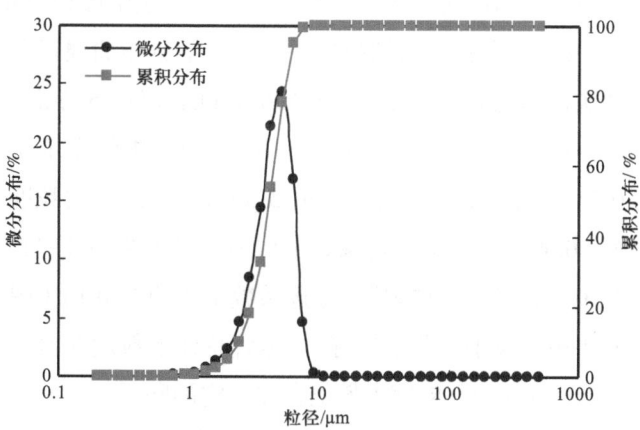

图 3-1-7 30 1/2-3-3 号样粒度分布曲线（D50=4.11 μm）

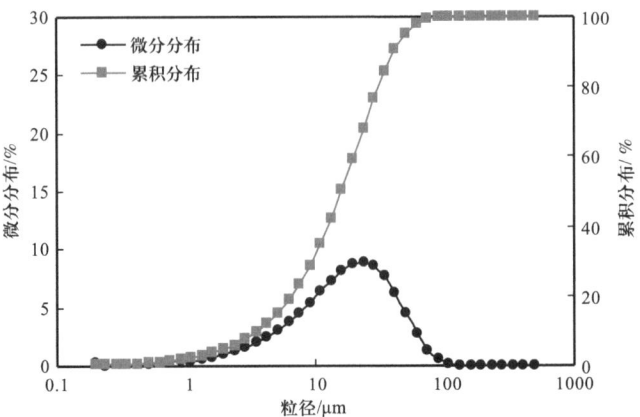

图 3-1-8　30 1/2-4-3 号样粒度分布曲线（D50=13.20 μm）

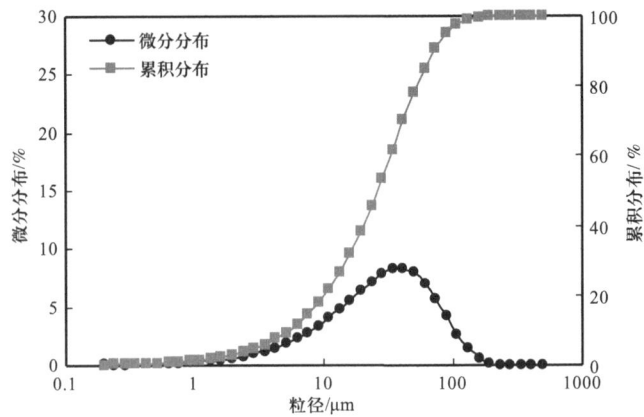

图 3-1-9　31 1/2-2-6-5 号样粒度分布曲线（D50=26.25 μm）

94 个测样的粒度中值分布区间为 4.02~27.56 μm，平均为 10.64 μm，按照粒度分类标准（表 3-1-4），该井段储层颗粒均为细粉砂。粒度中值分布曲线可分为三段，其中，小于 5 μm 的共计 30 样次，占总样次的 32%；5~20 μm 的共计 55 样次，占总样次的 59%；20 μm 以上的 9 样次，占总样次的 9%（图 3-1-10）。粒度中值小于 5 μm 的 30 样次粒度不均匀系数平均为 0.57，分选系数平均为 0.29；5 μm 以上 64 样次粒度不均匀系数平均为 0.34，分选系数平均为 0.09。粒度不均匀系数平均为 0.42（图 3-1-11），按照粒度不均匀系数分类标准（表 3-1-5）属于"均匀"，分选系数平均值为 0.16（图 3-1-12），按分选系数分类标准（表 3-1-6）属于"分选极好"。尽管总体上粒度非常均匀，但对于涩北气田的储层，其典型岩样的特征值与粒度中值仍存在一定的联系。

表 3-1-4 粒度分类标准

序号	分类	粒径大小 /μm
1	巨砂	≥1000
2	粗砂	1000～500
3	中砂	500～250
4	细砂	250～125
5	极细砂	125～62.5
6	粗粉砂	62.5～31.25
7	细粉砂	31.25～3.9
8	黏土	≤3.9

表 3-1-5 粒度不均匀系数分类标准

粒度不均匀系数	类别
<3	均匀
3～5	中等均匀
5～10	不均匀
>10	很不均匀

表 3-1-6 分选系数分类标准

分选系数	类别
<0.35	分选极好
0.35～0.5	分选好
0.5～0.71	分选较好
0.71～1	分选中等
1～2	分选差
2～4	分选很差
>4	分选极差

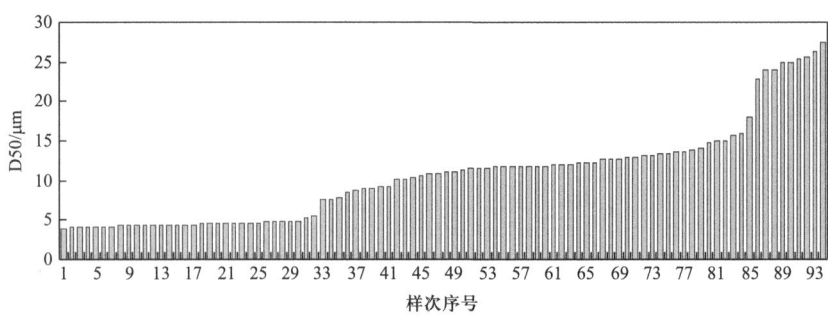

图 3-1-10　测试样品的粒度中值分布

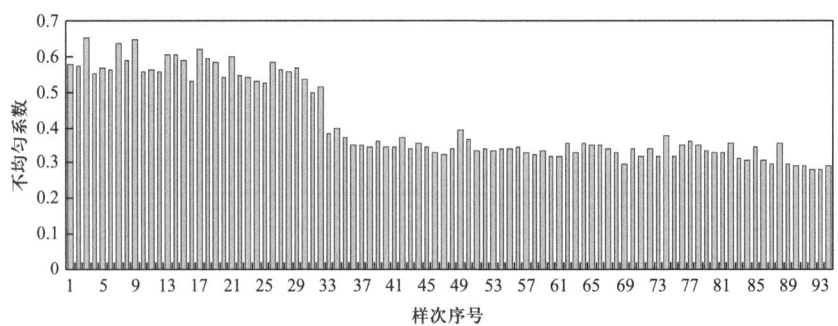

图 3-1-11　测试样品的不均匀系数分布

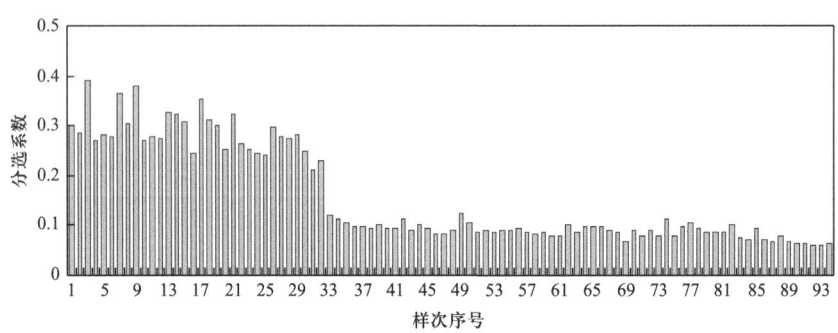

图 3-1-12　测试样品的分选系数分布

2. 粒度分布特征对开发的影响分析

粒度测试结果表明，涩北气田储层典型岩样的粒径小（细粉砂级）且分布均匀（分选极好），从多孔介质渗流的角度分析，该类多孔介质空间具有较大的比表面积和较大的渗流阻力。对开发的影响包括以下几个方面：

1）骨架容易遭到破坏

当岩石的挤压、有效应力和剪应力改变时，分选好的岩石骨架颗粒间由于缺乏相互支撑而易发生结构变形。涩北气田的气藏岩石，因为其弱成岩作用且高泥质含量，使得其岩石骨架结构更为松散，内聚力强度较低，发生结构变形的概率进一步加大（图 3-1-13）。

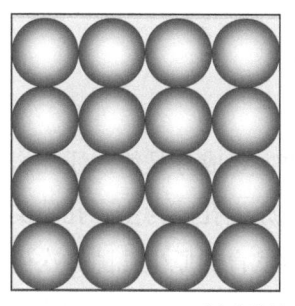 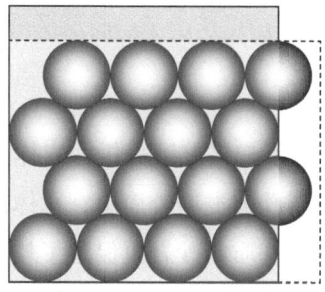 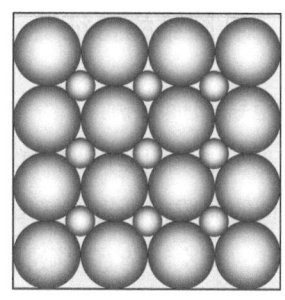

(a) 分选好，易结构变形　　　　　　　　(b) 分选差，不易结构变形

图 3-1-13　岩石骨架结构变形难度示意图

2）微粒易运移

岩石骨架颗粒的分选越好，从结构学的角度，微粒运移的通道尺寸彼此将越接近，产出的地层砂粒粒径越均匀。涩北气田储层岩石的颗粒粒径已经达到了细粉砂级，因此允许流动的微粒尺寸将更加细小，大部分接近黏土的尺寸。由于涩北气田储层岩石较弱的成岩作用和储层岩石颗粒之间较低的结构强度以及较多数量可动微粒，使得涩北气田气井产出砂具有数量多、粒径小且粒径相近的特征，生产管线中的大量泥质堵塞物也证明了这一特点（图 3-1-14）。

图 3-1-14　涩 2-3-3 井电动阀积砂照片

3）易水敏和速敏

涩北气田储层岩石的颗粒细小，因此发生渗流的孔隙喉道尺寸细小，导致微粒运移发生速敏的概率大大增加。由于出水使得黏土发生膨胀，出水溶解胶结物会进一步降低岩石骨架的内聚力强度和剪切强度，出水还加大对固体颗粒的携带能力，因此出水将加剧出砂，增加涩北气田储层岩石的渗流阻力。

4）束缚水饱和度高

分选极好的岩石颗粒组成的储集空间具有最大的孔隙度。岩心实验表明，尽管涩北气田的储层岩石粒径只能达到粉砂级，但其孔隙度却高达 30%。高孔隙度通常具有高渗透率的特征，但涩北气田的储层由于粒径小、泥质含量高、速敏、水敏等导致水的流动能力相对于气相相差悬殊，因此涩北气田储层岩石的水不易流动。从成藏过程分析，气驱水的难度较大，储层的束缚水饱和度和初始含水饱和度相对较高。

三、孔隙结构特征

1. 电镜扫描分析

对涩 3-2-4 井 41 块岩样进行了扫描电镜分析,岩样的主要成分是粉砂质泥岩,其次含有少量的泥质粉砂岩。气田储层孔隙类型较简单,总体以原生孔隙为主,孔隙类型为原生粒间孔,其次为杂基内微孔。杂基质粉砂岩也保留了较为发育的原生孔隙,次生孔隙主要为溶孔,其次为裂缝。该井共发育有粒间孔、晶间孔、微孔隙及微裂缝四种岩石孔隙类型(图 3-1-15)。泥质含量的减少,会使粒间孔增大,但也存在粉砂质泥岩比泥质粉砂岩粒间孔更多的情况,基本上岩样都可以见到石盐结晶体。

(a) 粒间孔

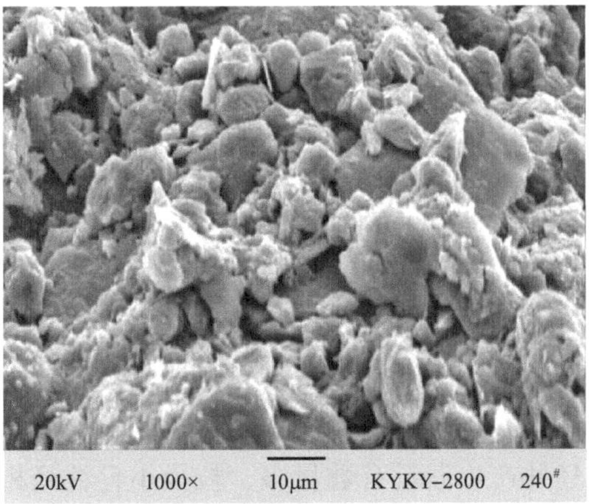

(b) 微孔隙

(c) 晶间孔

(d) 微裂缝

图 3-1-15 涩 3-2-4 井孔隙类型

含粉砂泥岩:全貌观察呈团块状,局部放大,石盐结晶体,晶间孔发育,石盐结晶微粒集合体。

粉砂质泥岩：观察全貌呈非均质，粒间孔发育的地方，粒间孔隙直径为 10～40 μm，分选较差，微孔隙发育。

深灰色粉砂质泥岩：全貌观察较均质，粒间孔发育，粒间孔隙直径为 10～40 μm，颗粒分选较好，填隙物少。

粉砂质泥岩：全貌观察较均质，分选较差，欠发育孔隙，孔隙直径小于 10 μm 的微孔隙是主要孔隙，方解石碎屑较少。

灰色泥质粉砂岩：全貌呈非均质，粒间孔发育，较大粒间孔隙直径为 10～30 μm。

泥质粉砂岩：全貌观察呈非均质，高含量泥质，分选较差，孔隙局部发育，孔隙发育层理与泥质层互层分布，泥质含量高部位孔隙欠发育。

浅黄色含泥粉砂岩：较均质，矿物以微颗粒为主，碎屑粒径一般为 10 μm，分选性较好，发育小于 10 μm 的微孔隙。

浅灰色含泥粉砂岩：全貌，见高渗透砂层，高渗透砂层部位放大，孔隙直径为 10～40 μm，其余部位泥质含量高，孔隙欠发育，普遍见石盐微晶体。

通过扫描电镜和铸体薄片观察，气田常见的喉道类型主要有孔隙缩小型和缩颈型喉道（图 3-1-16）。孔隙结构参数是储层孔隙和喉道大小、分布及连通状况的综合反映，不同的参数反映不同的孔隙结构特征，这些特征互相影响，彼此之间存在一定的相关性。孔隙缩小型喉道具有孔隙大、喉道粗的特点，此类喉道连通性和渗流能力较强；缩颈型喉道是岩石颗粒经历压实过程，具有孔隙大、喉道窄的特点，常见于颗粒支撑和点接触方式[77]。

(a) 500倍

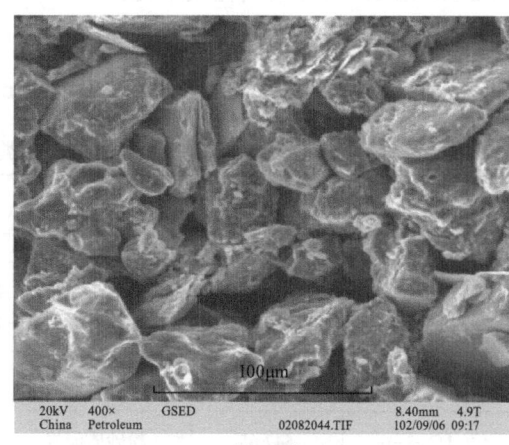
(b) 400倍

图 3-1-16 典型喉道类型电镜照片

2. 铸体薄片分析

通过铸体薄片分析，不同岩性中均见到大小相近的粒间孔，含粉砂泥岩和粉砂质泥岩相比，随着泥质含量的增大，面孔率和孔隙度均降低，渗透率也随之降低。粉砂质泥岩与泥质粉砂岩相比，面孔率较小，而渗透率则相反。

在 87 块样品中含粉砂泥岩只有 3 块，占总样品量的 3.4%，面孔率达 0.5%～1%，孔隙度为 0～0.5%，裂隙率为 1%，渗透率平均为 20.89 mD。

在 87 块样品中粉砂质泥岩有 58 块，占总样品量的 66.7%，面孔率达 0.5%～2%，孔隙度为 0～2%，裂隙率为 0～1%，渗透率平均为 30.67 mD。

在 87 块样品中泥质粉砂岩有 23 块，占总样品量的 26.4%，面孔率达 1%～4%，孔隙度为 0.5%～3%，裂隙率为 0.5%～1%，渗透率平均为 27.22 mD。

3. 压汞分析

压汞法是一种测毛细管压力曲线常用的方法。压汞法使用汞作为驱替相，依靠汞为非岩石润湿相的特点，汞只有克服其与岩石孔隙产生的毛细管压力，才能开始进入孔隙内。实验根据测量在不同压力下，进入孔隙的汞体积，分析汞饱和度与其对应的毛细管压力的关系，从而做出毛细管压力曲线、孔径分布曲线、孔隙体积累积曲线等关系曲线来研究其储层岩石的孔隙结构。

对涩 3-2-4 井 31 块样品进行了孔隙结构定量分析实验，根据所得参数和曲线形状可分为四类（图 3-1-17 至图 3-1-20）。

A 类：该类岩样共 8 块，占分析样品的 25.8%，具有较低的中值压力和排驱压力，排驱压力为 0.07～0.30 MPa，平均排驱压力为 0.17 MPa；中值压力为 0.12～4.55 MPa，平均为 2.68 MPa，对应最大孔喉半径为 2.45～10.51 μm；退汞效率低，为 6.6%～60.4%，平均为 35.0%（表 3-1-7）。A 类曲线较平缓且毛细管压力较低，说明孔隙的分选性好且孔喉粗，渗透率为 10.6～325 mD，平均为 94.1 mD（图 3-1-17）。

表 3-1-7 A 类岩样压汞分析结果

样品号	井深 /m	岩性	渗透率 /mD	排驱压力 /MPa	中值压力 /MPa
14 1/2-2-3	557.75	粉砂岩	325.000	0.07	0.12
7 1/2/1/1	538.05	粉砂质泥岩	100.579	0.30	4.55
5 2/3/2/7	532.95	粉砂质泥岩	49.540	0.20	3.34
9 1/2-2-6	542.65	粉砂质泥岩	60.120	0.08	2.87
14 1/2-2-4	557.85	粉砂岩	111.000	0.07	0.62
36 2-5	1 333.21	泥质粉砂岩	10.609	0.16	3.01
36 2-10	1 333.60	粉砂质泥岩	51.650	0.27	3.18

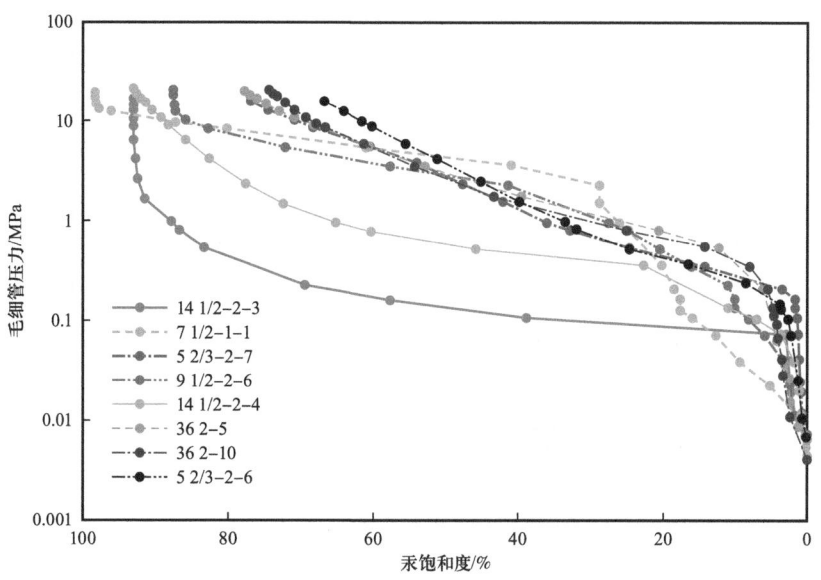

图 3-1-17　A 类毛细管压力曲线

B 类：该类岩样共 3 块，占分析样品的 9.7%，排驱压力为 0.23～1.0 MPa，平均为 0.68 MPa；中值压力为 3.83～5.93 MPa，平均为 5.17 MPa；喉道平均范围为 0.735～3.200 μm，平均为 1.617 μm；退汞效率较高，为 41.5%～55.6%，平均为 48.6%（表 3-1-8）。B 类曲线代表以孔隙胶结为主的泥质粉砂岩和粉砂质泥岩储层，孔隙分选较好，渗透率较高，其渗透率为 4.99～51.40 mD，平均为 21.29 mD（图 3-1-18）。

表 3-1-8　B 类岩样压汞分析结果

样品号	井深 /m	岩性	渗透率 /mD	排驱压力 /MPa	中值压力 /MPa
9 1/2-2-3	542.12	粉砂质泥岩	4.99	1.00	3.83
30 1/2-2-3	1 071.26	泥质粉砂岩	51.40	0.23	5.75
36 2-3	1 333.17	粉砂质泥岩	7.48	0.81	5.93

C 类：该类岩样共 12 块，占分析样品的 38.7%，排驱压力为 1.5～10 MPa，平均为 4.16 MPa；中值压力为 11.63～20.20 MPa，平均为 15.36 MPa；孔喉半径小，为 0.074～0.490 μm，平均为 0.211 μm；退汞效率为 38.8%～54.3%，平均退汞效率为 45.5%（表 3-1-9）。C 类曲线较平缓但毛细管压力较高，说明其分选性较好，但储层孔隙较差，表现为细孔喉，差渗透性的泥质岩类，渗透率范围为 2.34～36.20 mD，平均渗透率为 7.72 mD（图 3-1-19）。

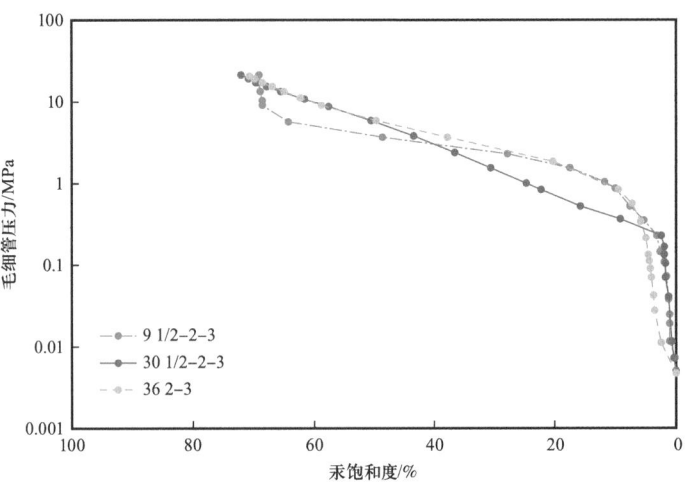

图 3-1-18　B 类毛细管压力曲线

表 3-1-9　C 类岩样压汞分析结果

样品号	井深 /m	岩性	渗透率 /mD	排驱压力 /MPa	中值压力 /MPa
14 1/2-2-1	557.32	含粉砂泥岩	3.410 00	3.00	11.63
23 2/3-3-10	823.45	泥质粉砂岩	3.239 17	4.68	12.06
30 1/2-2-16	1 071.98	泥质粉砂岩	5.970 00	10.00	>20.00
30 1/2-4-3	1 073.14	深灰色泥岩	4.640 00	3.40	15.97
30 1/2-5-1B	1 074.03	泥质粉砂岩	2.340 00	5.50	14.14
31 1/2-1-2-1	1 079.89	粉砂质泥岩	3.461 99	2.82	14.02
31 1/2-1-2-9	1 080.66	粉砂质泥岩	36.200 00	1.50	14.06
34 1/2-2-6-7	1 322.54	粉砂质泥岩	2.422 58	4.63	18.27
36 2-12	1 333.54	粉砂质泥岩	9.083 78	4.08	14.58
36 2-17	1 333.62	泥质粉砂岩	12.528 90	4.15	18.71
36 3-7	1 334.41	泥质粉砂岩	4.410 00	1.90	11.82
36 4-3	1 335.12	粉砂质泥岩	4.991 54	4.21	18.88

D 类：该类样品共 8 块，占岩样的 25.8%，排驱压力低，为 0.01~0.16 MPa，平均为 0.066 MPa；中值压力较高，为 5.63~20.70 MPa，平均为 13.36 MPa；孔喉半径为 4.596~73.540 μm，平均为 21.59 μm；退汞效率较高，为 37.8%~51.1%，平均为 43.0%（表 3-1-10）。该类曲线说明储层具有较低的排驱压力，较高的中值压力，代表了微裂缝发育但分选较差的岩类，具有高渗透率，渗透率范围为 18.2~196.0 mD，平均渗透率为 72.4 mD（图 3-1-20）。

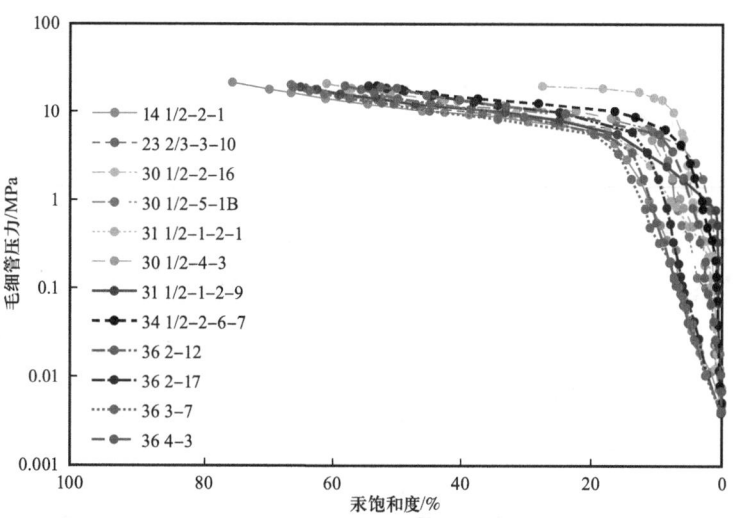

图 3-1-19 C 类毛细管压力曲线

表 3-1-10 D 类岩样压汞分析结果

样品号	井深 /m	岩性	渗透率 /mD	排驱压力 /MPa	中值压力 /MPa
7 1/2-2-5	539.11	粉砂质泥岩	148.740 0	0.01	5.63
9 1/2-2-2	542.2	粉砂质泥岩	104.650 0	0.04	>20.00
14 1/2-2-2	557.5	含粉砂泥岩	84.700 0	0.10	6.40
30 1/2-2-7	1 071.38	泥质粉砂岩	156.000 0	0.07	>20.00
30 1/2-3-7	1 072.38	泥质粉砂岩	24.700 0	0.04	17.39
30 1/2-4-8	1 073.48	泥质粉砂岩	20.600 0	0.07	11.09
30 1/2-1-2-3	1 070.24	粉砂质泥岩	21.570 9	0.09	14.30
31 1/2-1-2-5	1 080.32	粉砂质泥岩	18.210 0	0.11	20.70

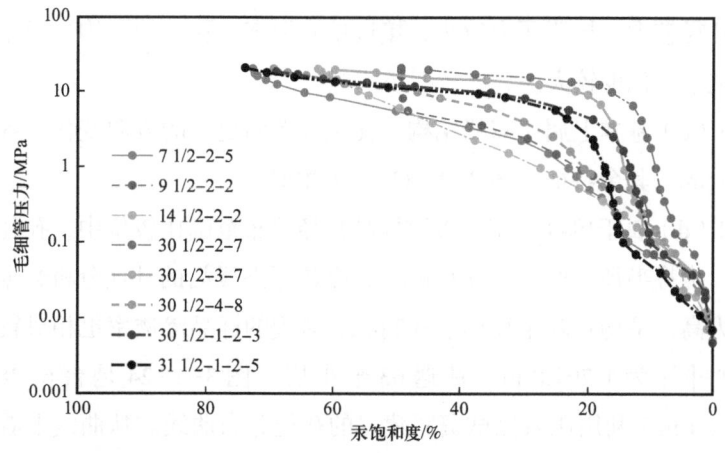

图 3-1-20 D 类毛细管压力曲线

对压汞得到的物性和特征参数进行分析对比，发现渗透率和排驱压力之间的线性相关性较好，但渗透率和中值压力间的线性相关性较差（图 3-1-21 和图 3-1-22），说明储层岩石大孔隙的大小和多少是影响岩石渗透性的主要因素。

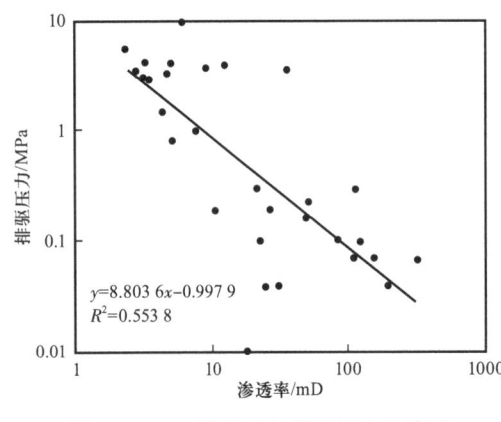

图 3-1-21　渗透率与排驱压力的关系

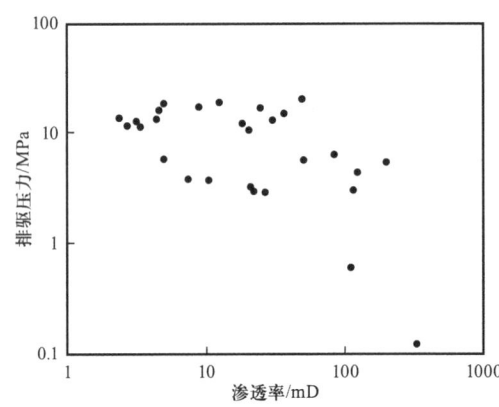

图 3-1-22　渗透率与中值压力的关系

台南气田纵向上发育有多套开发层系，可细分为 68 个小层。台 5-13 井井深为 1 588.4 m，钻遇 58 个小层。图 3-1-23 是台 5-13 井 1-14 小层（1 110.5～1 112.5 m）利用压汞测试数据绘出的孔径分布曲线。根据曲线可知，不同的样品其孔径分布范围和峰态也不同。

图 3-1-23（a）是单峰形态，孔径分布较集中，优势孔隙半径区间为 1～8 μm，主峰位半径一般在 2 μm 左右，最大的主峰位半径为 5 μm。根据该形态样品的其他分析资料，最大连通孔隙的孔径大，毛细管压力小，平均孔隙半径相对较大（2.281 2 μm）。且与其相对应的样品渗透性也好，渗透率值均大于 100 mD。

图 3-1-23（b）孔径分布基本上属于多峰形态，孔隙分布范围较大，为 0.08～8 μm，其优势孔隙半径为 0.1～7 μm，最大主峰偏向粗孔径。根据该形态岩样其他的分析数据，最大连通孔的孔径较大，排驱压力较小，接近单峰形态，孔隙的平均半径略小于单峰。其测试岩样的渗透率变化也较大。

图 3-1-23（c）基本上属于双峰结构，孔径分布向更小的方向变化，各岩样孔隙半径分布为 0.06～5 μm。其余特征与图 3-1-23（b）相似。

图 3-1-23（d）属于单峰形态，多数样品孔径分布范围比较集中，孔径分布向更小的孔隙半径变化，优势半径一般小于 0.3 μm。根据该形态样品的其他分析数据，最大连通孔径小，排驱压力高，平均孔隙半径小于 0.2 μm，对应的样品渗透率也相对较低。

台 6-28 井井深为 1 701.8 m，钻遇 63 个小层。图 3-1-24 是台 6-28 井 2-14 小层（1 348.4～1 360.4 m）利用压汞测试资料建立的孔径分布曲线。从曲线上看，各样品的孔径分布范围不同，峰态也不同，主要有单峰（两种）与多峰三种形态。

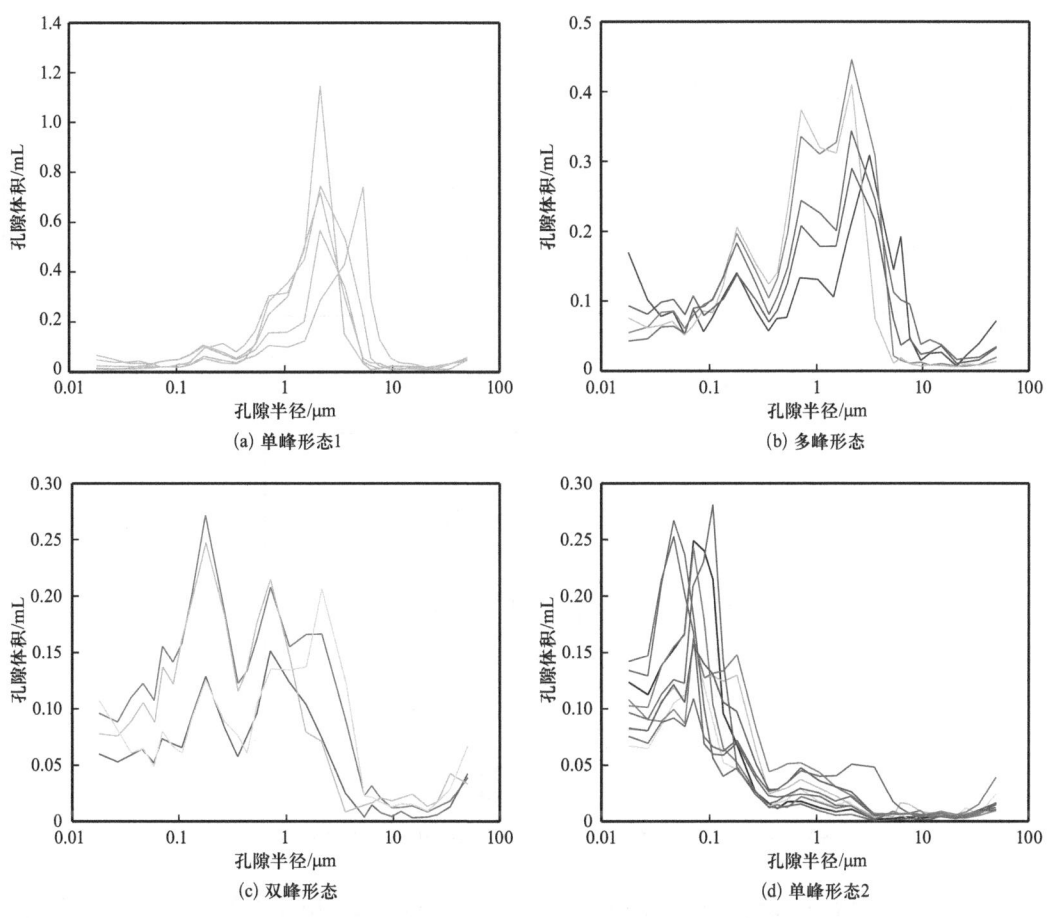

图 3-1-23　台 5-13 井 1-14 小层孔径分布曲线图

图 3-1-24（a）表现为第一形态的单峰，孔径大小分布比较集中，优势孔隙半径为 2~7 μm，主峰位平均半径为 3.87 μm，最大的主峰位半径为 6.25 μm。根据该形态样品的其他分析数据，最大连通孔的孔径大，排驱压力小，平均孔隙半径较大的岩石样品渗透率也高。

图 3-1-24（b）属于单峰第二形态，多数样品孔径分布范围比较集中，孔径分布向更小的孔隙半径变化，优势孔隙半径一般小于 0.2 μm。根据该形态样品的其他分析数据，其岩样最大连通孔的孔径小，排驱压力高，平均孔隙半径小，对应的样品渗透率也相对较低。

图 3-1-24（c）孔径分布基本上属于多峰形态，较大孔隙的分布区间在 0.08~8 μm，其优势孔隙半径分布范围为 0.01~2 μm，最大主峰偏向粗孔径一侧。根据岩样其他分析资料，其最大连通孔的孔径较大，排驱压力较小，接近单峰形态，但孔隙的平均半径略小于单峰，渗透率变化较大。

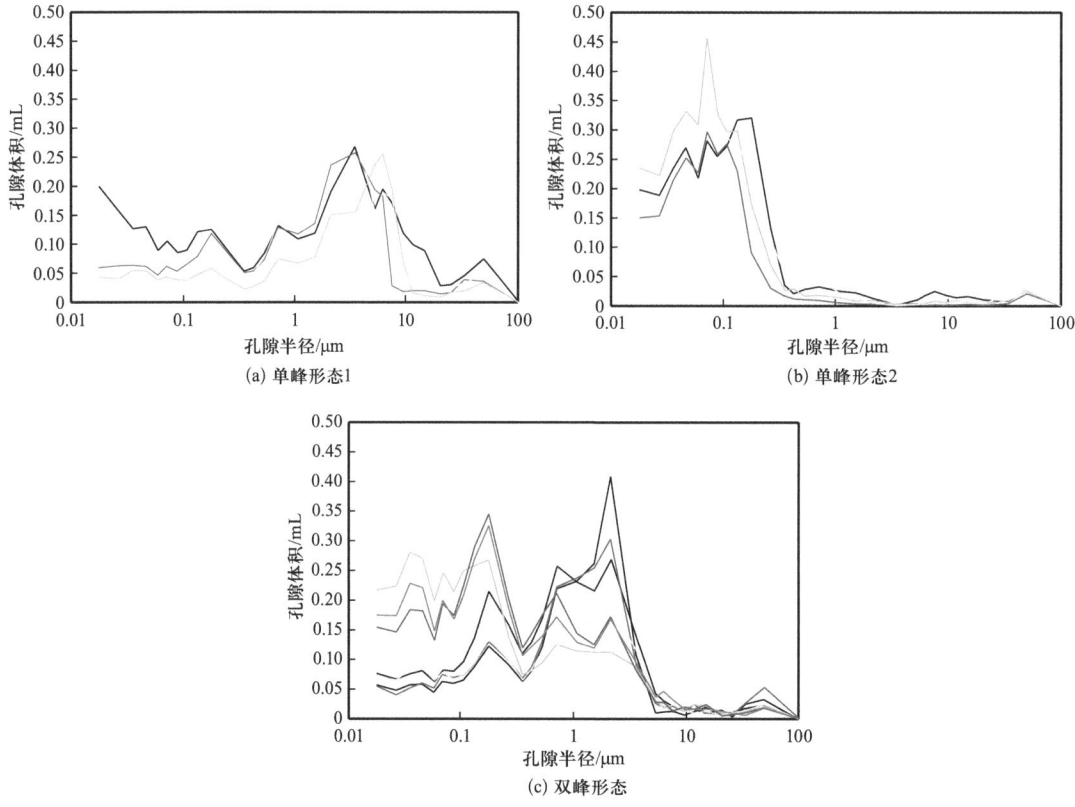

图 3-1-24　台 6-28 井 2-14 小层孔径分布曲线图

图 3-1-25 是台 6-28 井 3-2 小层（1 446.6～1 454.6 m）由压汞测试数据来绘制的孔径分布曲线，根据曲线形态及分布特征，不同岩样的孔径分布范围及峰态存在差异。本段主要有单峰与多峰两种形态。

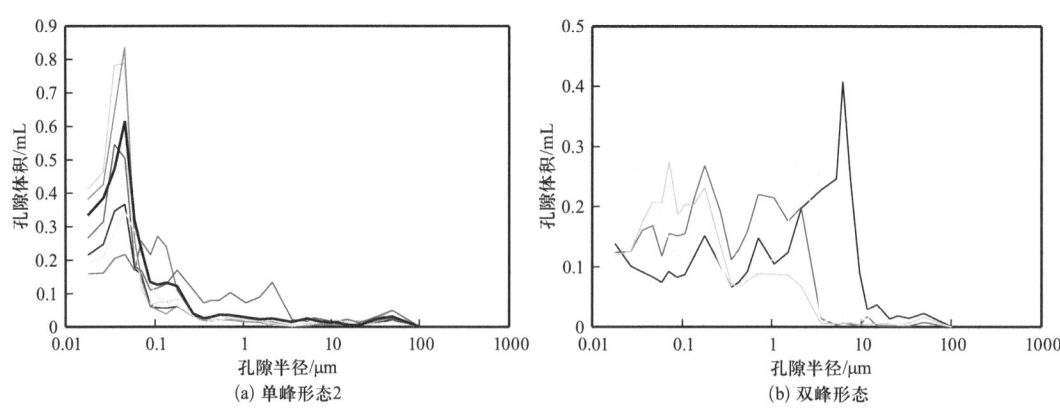

图 3-1-25　3-2 小层孔径分布曲线

图 3-1-25（a）属于单峰第二形态，多数样品孔隙半径分布范围比较集中，孔隙半径分布向更小的孔隙半径变化，优势孔隙半径分布在 0.03～0.11 μm，一般小于 0.05 μm，平

均值为 0.054 μm。根据该形态样品的其他分析数据，其岩样的最大连通孔的孔径小，排替压力高，平均孔隙半径小，对应的样品渗透率也相对较低。

图 3-1-25（b）孔径分布基本上属于多峰形态，孔隙半径分布的范围大，通常为 0.01～8 μm，优势孔隙的孔隙半径范围为 0.01～7 μm，最大主峰偏向粗孔径一侧。根据该岩样的其他分析资料，其最大连通孔的孔径较大，排驱压力较小，接近单峰形态，孔隙平均半径略微小于单峰，其渗透率变化也比较大。

图 3-1-26 是利用压汞测试资料建立的 3-6 小层（1 504.6～1 508.6 m）孔径分布曲线。由图可知，各样品孔径分布范围、峰态以及孔径分布都存在差异。本段只有单峰一种形态。

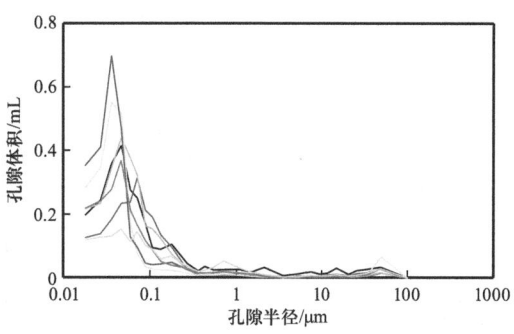

图 3-1-26　台 6-28 井 3-6 小层孔径分布曲线图

图 3-1-26 属于单峰第二形态，多数样品孔径分布范围比较集中，孔径分布向更小的孔隙半径变化，优势孔隙半径为 0.15～0.7 μm，一般小于 0.5 μm。根据该形态样品的其他分析资料，最大连通孔的孔径小，排驱压力高，平均孔隙半径小，对应的样品渗透率也相对较低。

图 3-1-27 是台 6-28 井 3-10-1 小层（1 594.0～1 602.0 m）根据压汞数据资料绘制孔径分布曲线。根据曲线图，不同岩样孔径分布范围、峰态以及孔径分布都存在差异。本段主要有单峰（两种）、双峰与多峰四种形态。

图 3-1-27（a）是单峰第一形态，孔径分布范围比较集中，优势孔隙半径分布范围为 1～8 μm，主峰位平均半径为 3.20 μm，最大的主峰位半径在 2 μm 左右。根据岩样其他分析资料，最大连通孔的孔径大，排驱压力小，平均孔隙半径值相对较大，对应的样品渗透率也高。

图 3-1-27（b）属于单峰第二形态，多数样品孔径分布范围比较集中，孔径分布向更小的孔隙半径变化，优势孔隙半径一般小于 0.05 μm。根据该形态样品的其他分析数据，最大连通孔径小，排驱压力高，平均孔隙半径小，对应的样品渗透率也相对较低。

图 3-1-27（c）孔径分布基本上属于多峰形态，孔隙分布范围大，优势孔隙半径分布范围为 0.02～7 μm，最大主峰偏向粗孔径一侧。根据岩样其他分析资料，最大连通孔的孔径较大，排驱压力较小，接近单峰形态，平均孔隙半径略小于单峰，渗透率变化较大。

图 3-1-27（d）基本上属于双峰结构，孔径分布向更小孔径方向变化，优势孔隙半径分布范围一般为 0.1～2.2 μm。其他特征与图 3-1-27（c）相似。

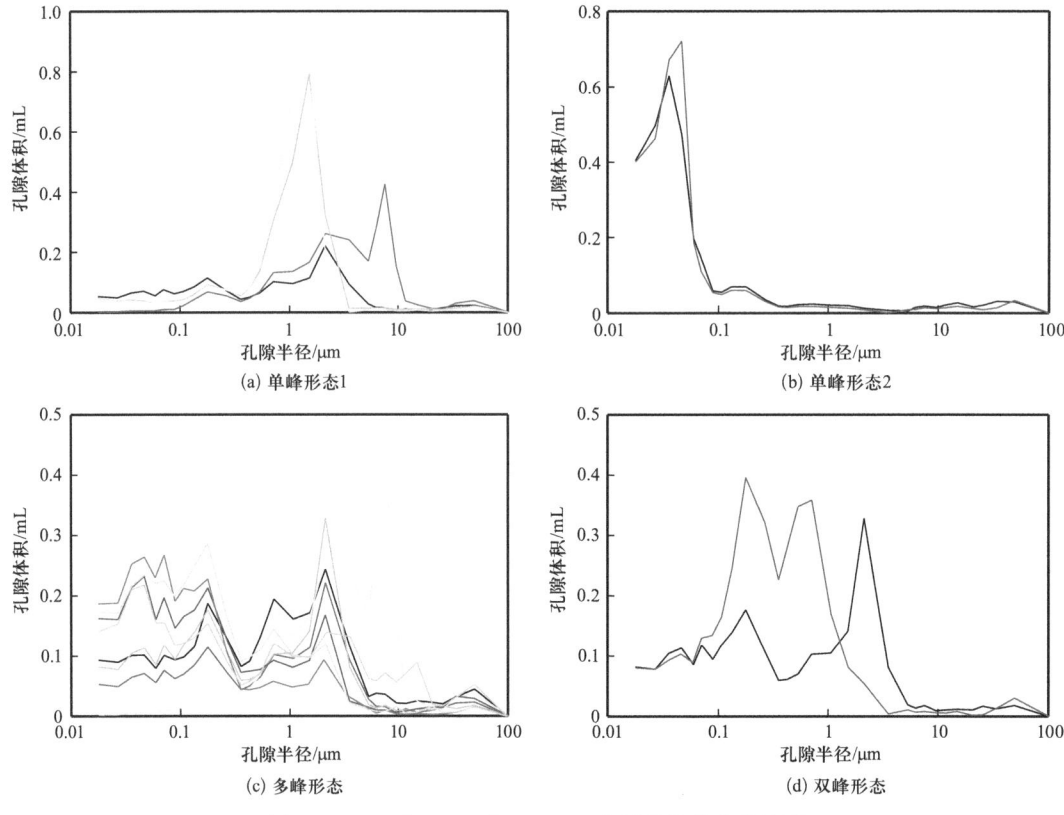

图 3-1-27　台 6-28 井 3-10-1 小层孔径分布曲线图

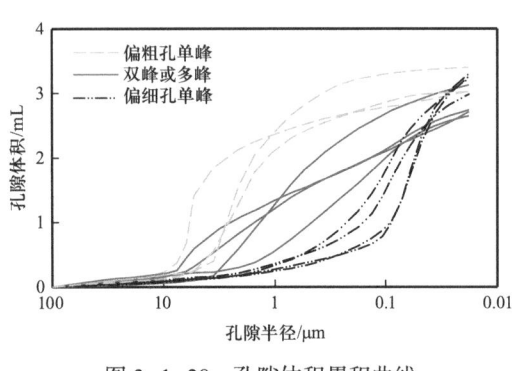

图 3-1-28　孔隙体积累积曲线

图 3-1-28 是部分样品的孔隙体积累积曲线，对应于上述不同的孔径分布曲线。单峰孔径分布曲线的孔隙体积累积曲线中间段比较陡峭，两端（粗孔隙尾端与细孔隙尾端）平缓，该类型的曲线孔隙大小比较集中，陡峭段发生在相对较小的孔隙半径区间内，岩心的孔隙体积主要是由该孔隙半径区间的孔隙所贡献，并反映在参数上（表 3-1-11）为分选系数较小，分选性好（如台 5-13 井 1-14 小层偏粗孔单峰分选系数平均为 2.517 8，偏细孔单峰分选系数平均为 1.953 9）。偏细孔单峰分选系数比偏粗孔单峰分选系数小，说明其集中程度更高。但二者所反映储层的性能是不同的。从图 3-1-28 可以看到，偏粗孔径陡峭段对应的孔径基本上大于 1 μm，平均孔隙半径也大（如台 5-13 井 1-14 小层的孔隙半径为 2.281 2 μm，台 6-28 井 2-14 小层的孔隙半径为 3.839 μm，台 6-28 井 3-10-1 小层的孔隙半径为 2.111 μm），具有很好的储层性能。而偏细孔径陡峭段对应的孔径小，图 3-1-28 中的几块样品基本上

小于 0.3 μm，平均孔隙半径也小，各层基本小于 0.2 μm，储层性能较差。总体上看，二者由于不同的孔隙组成或孔隙结构导致双峰或多峰孔径分布曲线的孔隙体积累积曲线中间段与单峰的不同，为倾斜段，该段对应的孔隙半径区间较大（0.06～7 μm），孔隙不是很集中，分选性差，几个层位的平均分选系数一般为 2.5～3.2，但平均孔隙半径分布范围较大，为 0.06～1.6 μm，其孔径分布范围大于偏细孔单峰曲线，储层性能要好于偏细孔单峰的储层性能。

表 3-1-11　不同类型孔隙体积累积曲线特征表

孔隙体积累积曲线特征	偏粗单峰	双峰或多峰	偏细单峰	对应参数
中间段	比较陡峭	倾斜	比较陡峭	分选系数
孔隙大小分布范围	集中	不集中	集中	
孔径大小	大	有大有小	小	歪度与平均孔径
对孔隙体积主要贡献的孔径	大	有大有小	小	
渗透性	好	好差均有	差	渗透率

图 3-1-29 是台 5-13 井 1-14 小层压汞法毛细管压力曲线，图中的曲线形态对应于不同储层孔隙结构类型，可以将毛细管压力曲线分为三类（表 3-1-12）。

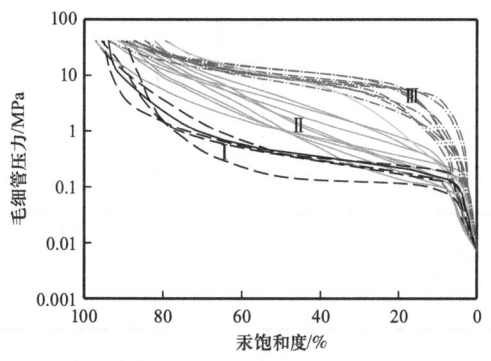

图 3-1-29　台 5-13 井 1-14 小层毛细管压力曲线

表 3-1-12　台 5-13 井 1-14 小层不同类型孔隙结构数据对比表

孔隙结构划分	样品数量	孔隙半径 /μm			分选系数 S_p	歪度 S_{kp}	仪器最大退出效率 W_e/%	排驱压力 p_{cd}/MPa	孔隙分布
		最大 R_a	平均 R_p	中值 R_{50}					
Ⅰ	5	6.369 0	2.281 2	2.233 6	2.517 8	0.613 4	33.082 0	0.121 6	粗孔径单峰
Ⅱ	9	6.181 3	1.143 0	0.476 5	3.106 2	0.219 4	48.034 9	0.129 7	双峰、混合峰
Ⅲ	10	1.121 9	0.199 4	0.077 2	1.953 9	0.236 6	55.658 0	2.044 0	细孔径单峰

Ⅰ类孔隙结构：毛细管压力曲线段的平缓段靠近横坐标，孔隙半径相对较大，粗歪度较大，排驱压力小，孔径分布类型为单峰偏粗孔径，储层渗透性良好，渗透率一般大于 100 mD。此类型无论是油藏还是气藏都具有很好的储集层性能。

Ⅱ类孔隙结构：毛细管压力曲线的中间段不太平缓，孔隙半径变化范围大，平均值为中等，偏粗歪度，排驱压力小，孔隙分布类型一般为双峰与多峰形式。储层的渗透率变化较大，变化范围在十几到几百毫达西之间。此类型的油藏储集层性能要差些，而此类型气藏具有较好储集层性能。

Ⅲ类孔隙结构：毛细管压力曲线的平缓段值较大，并且远离横坐标，排驱压力较大，孔隙半径较小，分选系数相比较小，孔隙喉道分布相对均匀，孔隙分布类型多数为单峰偏细孔径。储层渗透率通常小于 100 mD。此类型储集层对油藏不利，但对气藏而言储集层性能要好些。

图 3-1-30 为台 6-28 井各小层通过压汞测试技术建立的毛细管压力曲线，毛细管压力曲线同样可分为三类，对应不同的储层孔隙结构类型，各层位具体情况见表 3-1-13。

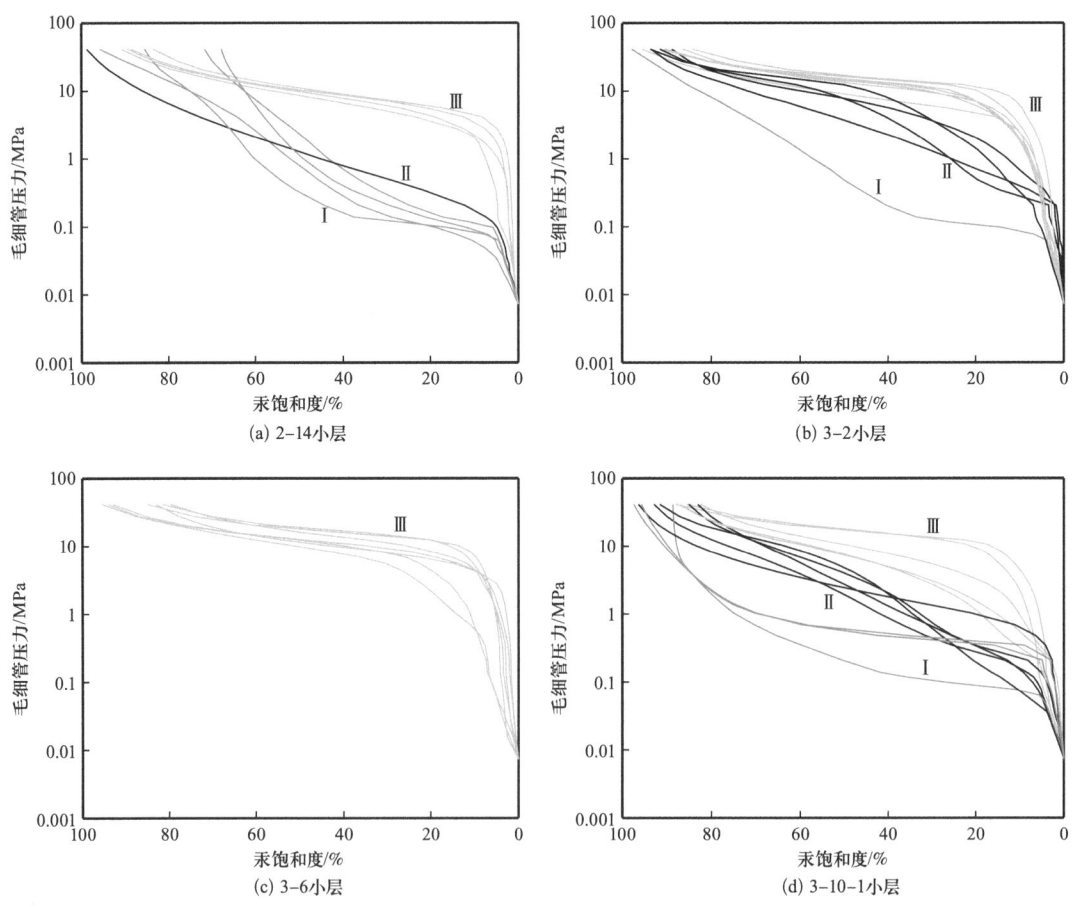

图 3-1-30　台 6-28 井各小层毛细管压力曲线

Ⅰ类孔隙结构：毛细管压力曲线平缓段靠近横坐标，孔隙半径相对较大，粗歪度较大，排驱压力小，孔径分布类型对应单峰第一形态即偏粗孔径。储层的渗透性良好，渗透率基本大于 100 mD。此类型无论是油藏还是气藏都具有很好的储集层性能。

Ⅱ类孔隙结构：毛细管压力曲线中间段不是很平缓，平均值中等且孔隙半径变化范围大，偏粗歪度，排驱压力小，孔隙分布类型多数为多峰和双峰。储层的渗透率变化较大。此类型油藏储集层性能要差些，而此类型气藏具有较好储集层性能。

Ⅲ类孔隙结构：毛细管压力曲线平缓段的毛细管压力值较大，远离横坐标，孔隙半径较小，排驱压力较大，分选较差，孔隙喉道分布相对均匀，孔隙分布类型多数为偏细孔的单峰形态。储层的渗透率一般小于 100 mD。这种储集层不利油藏储存，但对气藏而言储集层性能要好些。

表 3-1-13　台 6-28 井各小层不同类型孔隙结构数据对比表

层位	孔隙结构划分	样品数量	孔隙半径 /μm			分选系数 S_p	歪度 S_{kp}	仪器最大退出效率 W_c/%	排驱压力 p_{cd}/MPa	孔隙分布
			最大 R_a	平均 R_p	中值 R_{50}					
2-14	Ⅰ	4	12.920	3.839	1.075	3.931	0.320	24.824	0.065	粗孔径单峰
	Ⅱ	8	5.317	1.071	0.486	2.579	0.097	46.089	0.138	双峰、多峰
	Ⅲ	4	0.333	0.094	0.076	1.773	0.262	56.218	2.246	细孔径单峰
3-2	Ⅱ	4	5.592	1.510	0.484	2.748	0.014	38.666	0.171	双峰、多峰
	Ⅲ	7	0.241	0.060	0.055	1.351	0.055	52.827	3.564	细孔径单峰
3-6	Ⅲ	7	0.311	0.075	0.056	1.641	0.223	54.914	4.444	细孔径单峰
3-10-1	Ⅰ	4	6.018	2.111	1.658	2.470	0.483	19.469	0.154	粗孔径单峰
	Ⅱ	8	6.114	1.140	0.177	2.943	0.011	47.185	0.170	双峰、多峰
	Ⅲ	2	0.089	0.036	0.043	1.022	0.274	50.592	8.289	细孔径单峰

第二节　储层物性特征

一、物性特征

涩 3-2-4 井取样岩心长度共 73.08 m，分析储层水平渗透率和孔隙度的样品共 688 块，涩北气田储层较多，强非均质性，不同部位的样品存在较大差异。根据这 688 块样品综合分析取心井储层物性，发现其总体为高孔隙度和中—低渗透率。岩石样品孔隙度分布范围为 10.3%～43.4%，平均为 32.4%；渗透率最小为 0.053 mD，最大为 612 mD，平均为 32.45 mD（表 3-2-1）。

表 3-2-1 涩 3-2-4 井物性统计表

参数	最小值	最大值	平均值	样品数
孔隙度 /%	10.3	43.4	32.4	688 块
渗透率 /mD	0.053	612.000	32.450	687 块
碳酸盐含量 /%	9.8	46.7	24.4	24 块

根据物性分类，孔隙度主要分布范围为 30%～35%，其样品数量占样品总体的 40.7%，孔隙度大于 35% 的岩样占样品总体的 28.6%，孔隙度小于 25% 的岩样仅占样品总体的 3.5%（表 3-2-2 和图 3-2-1）。由此可知，涩北气田储层属于高孔隙度储层。岩样渗透率主要分布范围为 1.0～10 mD，占 45.1%，其次分布范围为 10～50 mD，占 34.1%，属于中—低渗透率（表 3-2-2 和图 3-2-2）。

表 3-2-2 涩 3-2-4 井孔渗分布表

孔隙度区间 /%	样品数 / 块	占比 /%	渗透率区间 /mD	样品数 / 块	占比 /%
<10	0	0	<0.1	1	0.1
10～20	4	0.6	0.1～1.0	23	3.3
20～25	20	2.9	1.0～10	310	45.1
25～30	187	27.2	10～50	234	34.1
30～35	280	40.7	50～300	109	15.9
>35	197	28.6	>300	10	1.5
合计	688	100	合计	687	100

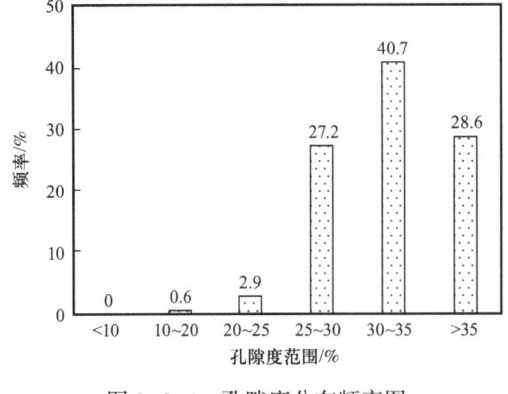

图 3-2-1 孔隙度分布频率图

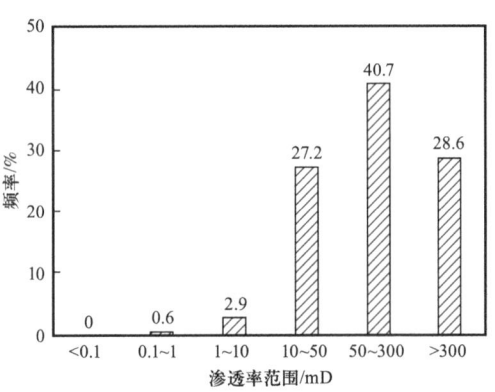

图 3-2-2 渗透率分布频率

分析24块岩样碳酸盐含量，不同的井段差别较大，其碳酸盐含量最小值为9.8%，最大值为46.7%，平均为16.25%。从分布区间看，碳酸盐含量主要为10%～15%（占50.0%），大于20%的占32.9%（表3-2-2和图3-2-3）。

对孔隙度和渗透率进行分析，发现其孔渗关系较差，总体上存在渗透率随孔隙度增大而增大的趋势（图3-2-4）。

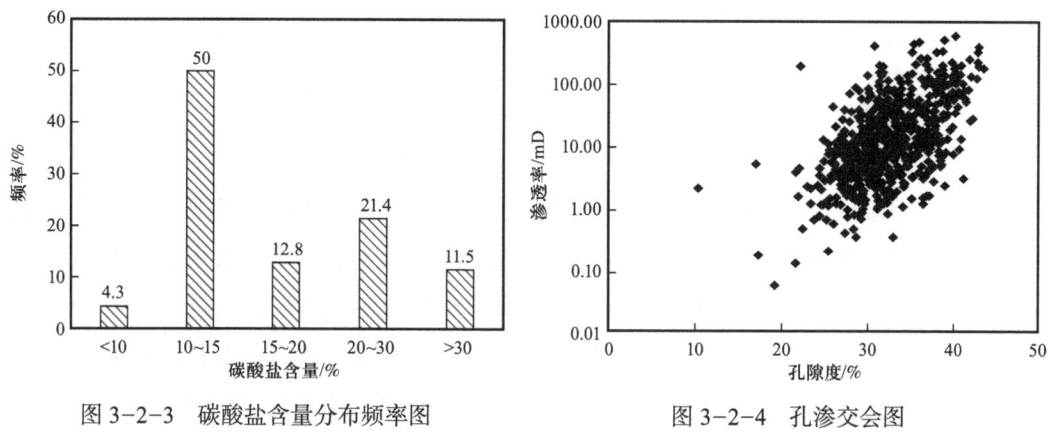

图3-2-3 碳酸盐含量分布频率图　　　　　图3-2-4 孔渗交会图

二、物性影响因素

储层岩石的物性主要受孔隙结构的控制，特别是渗透率与孔隙大小、类型及连通性关系密切，岩石的渗透性主要取决于优势大孔隙尺寸和数量，图3-2-5和表3-2-3为557.32～557.85 m井段的四块岩样分析，压汞曲线越低，渗透率越大。同时岩石物性也与岩性、压实程度（埋深）、泥质和碳酸盐含量等因素有关。

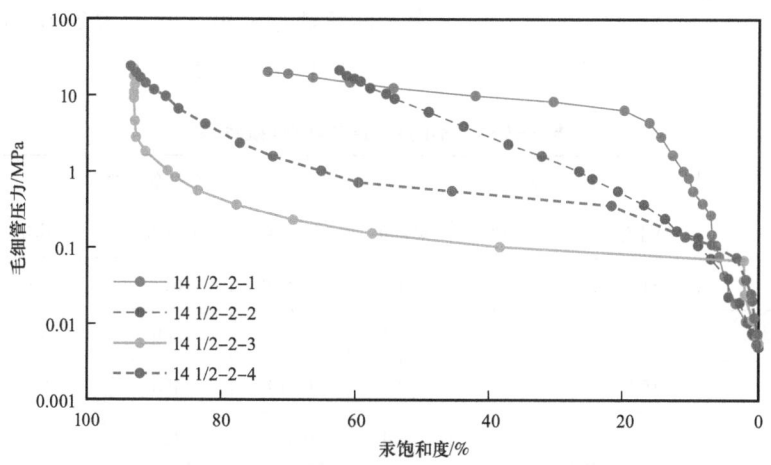

图3-2-5　557.32～557.85 m井段岩样的毛细管压力曲线

表 3-2-3　557.32～557.85 m 井段岩样参数

样品号	井深 /m	岩性	孔隙度 /%	渗透率 /mD	排驱压力 /MPa	中值压力 /MPa
14 1/2-2-1	557.32	灰色含粉砂泥岩	27.8	3.41	3.00	11.63
14 1/2-2-2	557.50	灰色含粉砂泥岩	35.3	84.70	0.10	6.40
14 1/2-2-3	557.75	浅黄色粉砂岩	35.0	325.00	0.07	0.12
14 1/2-2-4	557.85	浅黄色粉砂岩	36.1	111.00	0.07	0.62

1. 泥质含量

涩北气田储层岩石疏松，成岩作用较差，粉砂岩的孔隙类型主要为粒间孔，泥质岩孔隙类型主要为微孔隙和晶间孔。因此无论是泥质含量低的粉砂岩还是泥质岩，其孔隙度值都较高，平均值在30%以上（表3-2-4），可见泥质含量对孔隙度的大小影响不大。

对于孔隙度而言，晶间孔的影响贡献较大，而渗透率则不同，渗透率主要是由粒间孔和连通的微裂缝贡献的。因此，含粉砂高的粉砂岩类以及微裂缝发育的粉砂质泥岩的渗透率一般较高，由单块岩样分析很难得出泥质含量与渗透率的关系（图3-2-6），但将所有岩样进行分类后统计发现，粉砂岩渗透率最高，其平均渗透率为180.7 mD，泥质粉砂岩、含泥粉砂岩平均渗透率分别为29.7 mD和34.6 mD，粉砂质泥岩和泥岩仅有少数岩样的渗透率较高（可能与微裂缝发育有关），总体上粉砂质泥岩和泥岩岩样渗透率偏低，分别为24.6 mD和19.0 mD（表3-2-4和图3-2-7）。

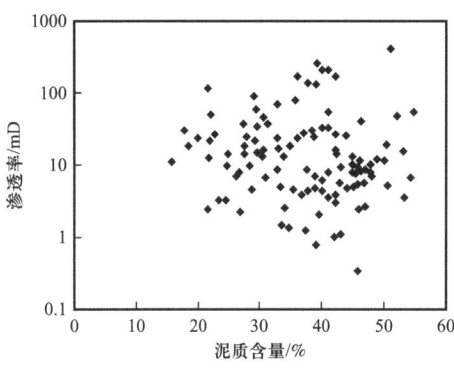

图 3-2-6　渗透率与泥质含量的关系

表 3-2-4　不同岩石类型物性统计表

岩类	孔隙度 /%			渗透率 /mD			样品数 /块
	最小值	最大值	平均值	最小值	最大值	平均值	
粉砂岩	31.5	40.1	36.3	19.800	612	180.7	12
含泥粉砂岩	17.0	41.1	31.4	0.053	469	34.6	126
泥质粉砂岩	10.3	43.4	32.0	0.119	400	29.7	315
（含）粉砂质泥岩	21.6	42.0	33.4	0.458	327	24.6	161
泥岩	23.6	42.0	33.2	0.307	528/170	34.8/19.0	61/59

注：（1）含泥粉砂岩渗透率去除一个异常低值点 0.053 mD；
　　（2）泥岩平均渗透率偏大，是由于有两块样的渗透率偏高（528 mD 和 471 mD）。

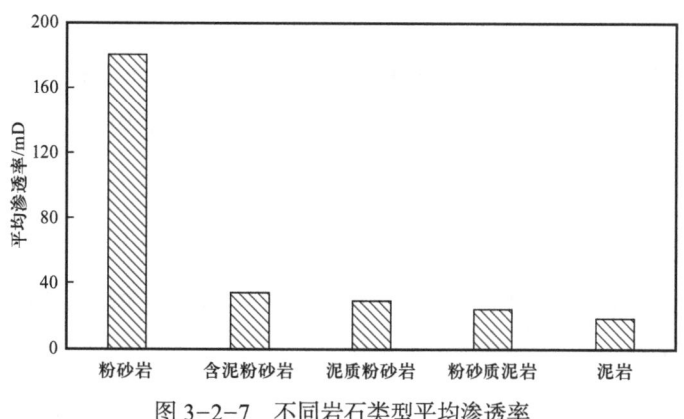

图 3-2-7　不同岩石类型平均渗透率

2. 碳酸盐含量

碳酸盐含量对孔隙度和渗透率都有一定的影响，随着碳酸盐含量的增大，孔隙度和渗透率都呈下降趋势，尤其是当碳酸盐含量大于20%以后，孔隙度和渗透率下降更明显（图3-2-8）。

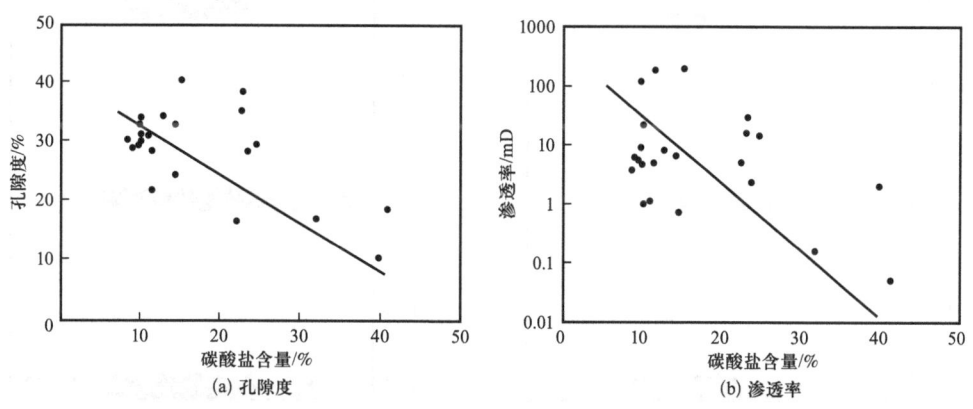

(a) 孔隙度　　　(b) 渗透率

图 3-2-8　碳酸盐含量对孔隙度、渗透率的影响

3. 埋藏深度

涩北气田的沉积环境为第四系湖相、滨湖相和浅湖相沉积，储层岩石处于未胶结成岩作用阶段，胶结疏松，粒度细，粉砂质泥岩和泥质粉砂岩为主要岩性。整体孔隙度随深度增加而变小（图3-2-9），第一段（520.00～575.00 m）孔隙度为23.6%～43.4%，平均为35.0%；第二段（810.00～845.00 m）孔隙度为10.3%～42.1%，平均为34.6%；第三段（1 070.00～1 095.00 m）孔隙度为17.5%～36.9%，平均为29.9%；第四段（1 310.00～1 336.10 m）孔隙度为17.0%～40.1%，平均为29.7%，浅层（第一段和第二段）的孔隙度远高于深层（第三段和第四段）的孔隙度，其原因是在上覆岩石的压实下，位于深部的储

层孔隙度降低。

渗透率受多种因素影响，与微裂缝、孔隙结构和泥质含量有关，在深度图上难以发现埋深对其的影响（图 3-2-10），从浅至深四段岩样的平均渗透率分别为 47.22 mD、26.76 mD、19.26 mD 和 32.16 mD。

4. 上覆压力

由于涩北气田储层岩石疏松，受压后产生压实作用明显，因此上覆压力的变化对储层岩石的物性影响较大。

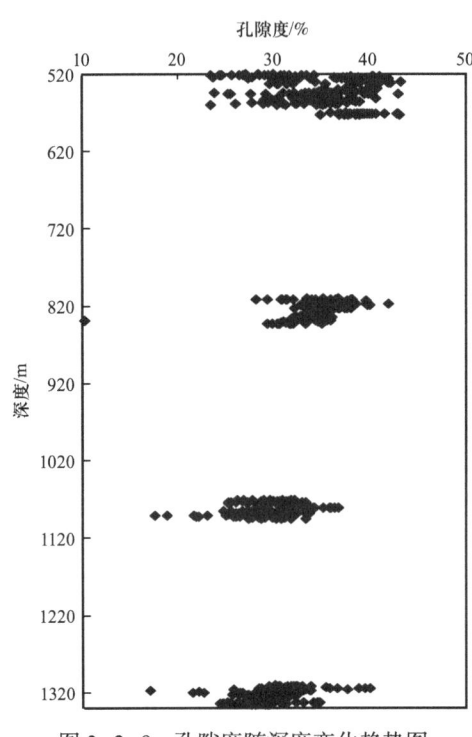 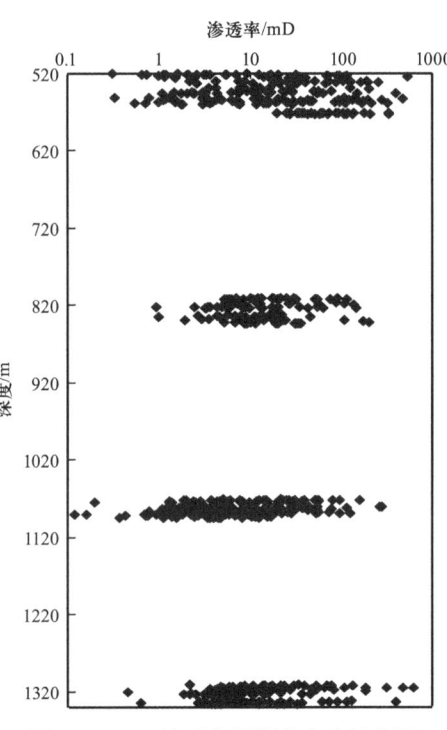

图 3-2-9　孔隙度随深度变化趋势图　　　图 3-2-10　渗透率随深度变化趋势图

三、非均质性评价

分析涩 3-2-4 井渗透率样品 687 块，渗透率的最大值为 612.0 mD，最小值为 0.053 mD，平均值为 32.45 mD。采用渗透率变异系数、渗透率级差和渗透率非均质系数三种参数进行储层的非均质评价，其评价标准和计算参数见表 3-2-5。

渗透率变异系数：

$$V_\text{k} = \frac{\sqrt{\sum_{i=1}^{n}(K_i - K_\text{avg})^2 \big/ n}}{K_\text{avg}} \quad (3\text{-}2\text{-}1)$$

式中 V_k——渗透率变异系数；

K_i——第 i 个测试点的渗透率，mD；

K_{avg}——平均渗透率，mD；

n——测试点的数量。

渗透率级差：

$$S_k = K_{max}/K_{min} \quad (3-2-2)$$

式中 S_k——渗透率级差；

K_{max}——最大渗透率，mD；

K_{min}——最小渗透率，mD。

渗透率非均质系数：

$$K_k = K_{max}/K_{avg} \quad (3-2-3)$$

式中 K_k——渗透率非均质系数。

表 3-2-5 储层非均质性评价

储层类型	均质	非均质	严重非均质	3-2-4 井参数
渗透率变异系数	≤0.5	0.5～0.7	>0.7	1.93
渗透率级差	≤3000	3000～10 000	>10 000	11 547
渗透率突进系数	≤10	10～20	>20	18.86

根据评价结果，涩 3-2-4 井的渗透率变异系数、渗透率级差都属于在严重非均质的范围内，渗透率突进系数为 18.86，也属于非均质范围。因此涩 3-2-4 井取心井段的储层非均质性较强。1 071.26～1 074.03 m 井段岩心的压汞曲线分散，表现了粗孔型、微孔型和裂缝型的不同孔隙类型（图 3-2-11），渗透率有高有低，高值达 156 mD，而低值只有 2.34 mD（表 3-2-6）。

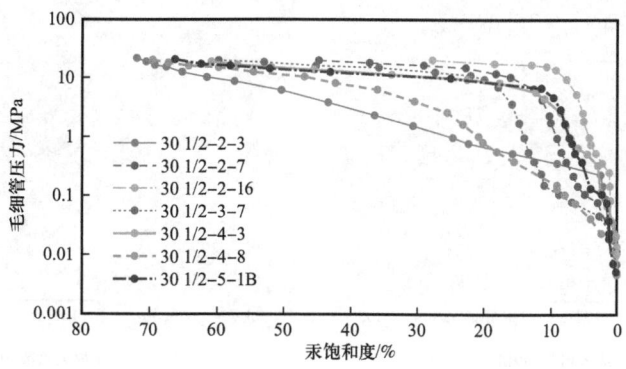

图 3-2-11 1 071.26～1 074.03 m 井段岩样的毛细管压力曲线

表 3-2-6　1 071.26～1 074.03 m 井段岩样数据

样品号	井深 /m	岩性	孔隙度 /%	渗透率 /mD	排驱压力 /MPa	中值压力 /MPa
30 1/2-2-3	1 071.26	浅灰色泥质粉砂岩	32.3	51.40	0.23	5.75
30 1/2-2-7	1 071.38	浅灰色泥质粉砂岩	31.9	156.00	0.07	>20.00
30 1/2-2-16	1 071.98	浅灰色泥质粉砂岩	31.4	5.97	10.00	>20.00
30 1/2-3-7	1 072.38	浅灰色泥质粉砂岩	29.1	24.70	0.04	17.39
30 1/2-4-3	1 073.14	深灰色泥岩	31.8	4.64	3.40	15.97
30 1/2-4-8	1 073.48	深灰色泥质粉砂岩	29.0	20.60	0.07	11.09
30 1/2-5-1B	1 074.03	浅灰色泥质粉砂岩	27.3	2.34	5.50	14.14

涩 3-2-4 井不但在宏观岩心分析上表现出较强的非均质，在微观上也表现出很强的非均质性，根据铸体薄片和环境扫描电镜分析，砂泥互层现象普遍存在，微裂缝和砂质条带比较多（图 3-2-12 和图 3-2-13），为高泥质储层提供了较好的渗透性。

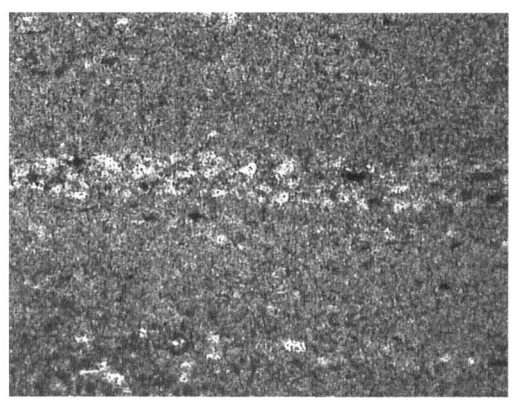

图 3-2-12　薄片在镜下的砂泥互层现象

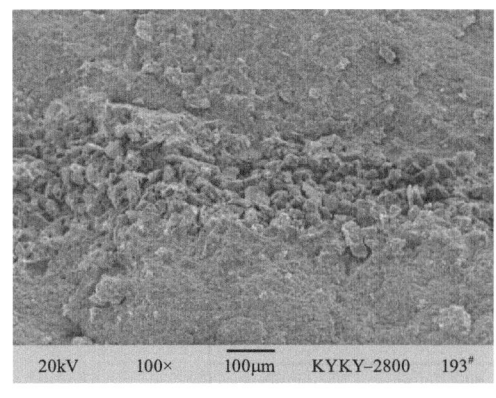

(a) 放大倍数100倍

(b) 放大倍数200倍

图 3-2-13　扫描电镜下的砂泥互层现象

第四章　疏松砂岩有水气藏储层渗流实验

疏松砂岩岩石不稳定，胶结性较弱，在井底压力较低的情况下，容易造成井底周围地层的不稳定，发生拉伸破坏或剪切破坏而出砂，给油气开采带来很大麻烦。因此本章进行了气水两相渗流实验分析、岩心出砂实验分析和应力敏感性实验分析。通过分析岩石的特性来认识疏松砂岩，达到趋利避害、提高产量的效果。

第一节　岩心描述与制样

一、钻井取心情况

从涩3-2-4井采用PVC内筒和玻璃钢内筒进行取心，从井下至地面，直到岩心进入实验室进行处理前，岩心始终保持在PVC内筒或玻璃钢内筒中，不会因岩心搬运移动而遭到破损。在涩3-2-4井共取心四段，总进尺141.10 m，总心长为128.57 m，总收获率为91.12%（表4-1-1和表4-1-2），分别在○、一、二、三气层组获得了较好的储层岩心。

表4-1-1　涩3-2-4井取心统计表

筒次	取心井段 /m	进尺 /m	岩心长 /m	收获率 /%	岩心直径 /mm	岩心装筒编号
1	520.00～523.50	3.50	3.07	87.71	130	1-1/2，1-2/2
2	523.50～527.00	3.50	3.05	87.14	130	2-1/2，2-2/2
3	527.00～530.50	3.50	0	0	0	—
4	530.50～531.00	0.50	1.94	388.00	130	4-1/2，4-2/2
5	531.00～534.00	3.50	2.37	67.71	130	5-1/3，5-2/3，5-3/3
6	534.50～538.00	3.50	3.86	110.29	130	6-1/3，6-2/3，6-3/3
7	538.00～540.10	2.10	2.40	114.29	130	7-1/2，7-2/2
8	540.10～541.20	1.10	1.08	98.18	130	8-1/2，8-2/2
9	541.20～544.60	3.40	3.20	94.12	130	9-1/2，9-2/2

续表

筒次	取心井段 /m	进尺 /m	岩心长 /m	收获率 /%	岩心直径 /mm	岩心装筒编号
10	544.60~546.40	1.80	2.00	111.11	130	10-1/2,10/2/2
11	546.40~549.60	3.20	3.20	100.00	130	11-1/2,11-2/2
12	549.60~552.90	3.30	3.15	95.45	130	12-1/2,12/2/2
13	552.90~556.30	3.40	3.55	104.41	130	13-1/2,13-2/2
14	556.30~559.70	3.40	3.40	100.00	130	14-1/2,14-2/2
15	559.70~563.10	3.40	3.40	100.00	130	15-1/2,15-2/2
16	563.10~566.50	3.40	3.40	100.00	130	16-1/2,16-2/2
17	566.50~570.00	3.50	3.50	100.00	130	17-1/2,17-2/2
18	570.00~573.40	3.40	3.02	88.82	130	18-1/2,18-2/2
19	573.40~575.00	1.60	1.90	118.75	130	19-1/2,19-2/2
20	810.00~813.50	3.50	3.16	90.29	130	20-1/2,20-2/2
21	813.50~817.00	3.50	3.60	102.86	130	21-1/2,21-2/2
22	817.00~820.50	3.50	3.50	100.00	130	22-1/2,22-2/2
23	820.50~824.00	3.50	3.50	100.00	130	23-1/3,23-2/3,23-3/3
24	824.00~827.50	3.50	3.50	100.00	130	24-1/2,24-2/2
25	827.50~830.90	3.40	3.40	100.00	130	25-1/2,25-2/2
26	830.90~834.40	3.50	3.50	100.00	130	26-1/2,26-2/2
27	834.40~837.90	3.50	3.50	100.00	130	27-1/2,27-2/2
28	837.90~841.45	3.55	3.45	97.18	130	28-1/2,28-2/2
29	841.45~845.00	3.55	3.45	97.18	130	29-1/2,29-2/2
30	1 070.00~1 078.30	8.30	4.54	54.70	110	30-1/2,30-2/2
31	1 078.30~1 086.50	8.20	8.63	105.24	110	31-1/2,31-2/2
32	1 086.50~1 095.00	8.50	8.50	100.00	110	32-1/2,32-2/2
33	1 310.00~1 318.50	8.50	8.50	100.00	110	33-1/3,33-2/3,33-3/3
34	1 318.50~1 326.70	8.20	8.20	100.00	110	34-1/2,34-2/2
35	1 326.70~1 335.00	8.30	0	0	0	—
36	1 335.00~1 336.10	1.10	4.15	377.27	110	36-1/1

表 4-1-2 涩 3-2-4 井取心汇总表

取心井段 /m	进尺 /m	心长 /m	收获率 /%	岩心直径 /mm	砂组
520.00～575.00	55	51.49	93.62	130	0-3，0-4，0-5
810.00～845.00	35	34.56	98.74	130	1-5
1 070.00～1 095.00	25	21.67	86.68	110	2-4，2-5
1 310.00～1 336.10	26.10	20.85	79.89	110	3-5，3-6
合计	141.10	128.57	91.12	—	—

二、取样段岩心描述

通过岩心伽马扫描曲线与测井曲线对比进行岩心归位，然后选取具有代表性的储层段岩心送到实验室进行取样分析，共计 90 段 73.08 m（表 4-1-3）。

表 4-1-3 涩 3-2-4 井岩心送样清单

序号	岩心段编号	筒次	长度 /m	顶深 /m	底深 /m
1	1 1/2-2	1	1.00	520.50	521.50
2	1 1/2-3		1.00	521.50	522.50
3	1 1/2-4		0.50	522.50	523.00
4	2 1/2-2	2	1.00	524.00	525.00
5	2 1/2-3		1.00	525.00	526.00
6	4 1/2-1	4	1.00	529.06	530.06
7	4 1/2-2		0.70	530.06	530.76
8	4 2/2-1		0.44	530.76	531.20
9	5 2/3-1	5	1.00	531.20	532.20
10	5 2/3-2		0.89	532.20	533.09
11	7 1/2-1	7	1.00	538.00	538.70
12	7 1/2-2		1.00	538.70	539.40
13	9 1/2-2	9	1.00	542.00	543.00
14	9 1/2-3		1.00	543.00	544.00
15	9 1/2-4		0.20	544.00	544.20
16	9 2/2-1		0.20	544.20	544.40
17	10 1/2-1	10	0.20	544.40	544.60
18	10 1/2-2		0.90	544.60	545.50
19	10 1/2-3		0.70	545.50	546.20

续表

序号	岩心段编号	筒次	长度/m	顶深/m	底深/m
20	12 1/2-2	12	1.00	551.00	552.00
21	12 1/2-3		0.60	552.00	552.60
22	13 1/2-2	13	1.00	552.95	553.95
23	13 1/2-3		1.00	553.95	554.95
24	13 1/2-4		0.80	554.95	555.75
25	14 1/2-1	14	1.00	556.30	557.30
26	14 1/2-2		1.00	557.30	558.30
27	14 1/2-3		1.00	558.30	559.30
28	14 1/2-4		0.30	559.30	559.60
29	18 1/2-2	18	1.00	570.40	571.40
30	18 1/2-3		1.00	571.40	572.40
31	18 1/2-4		0.50	572.40	572.90
32	20 1/2-2	20	1.00	811.00	812.00
33	20 1/2-3		1.07	812.00	813.07
34	22 1/2-1	22	1.00	817.00	818.00
35	22 1/2-2		0.80	818.00	818.80
36	23 2/3-2	23	1.00	821.60	822.60
37	23 2/3-3		1.00	822.60	823.60
38	23 2/3-4		0.20	823.60	823.80
39	26 1/2-2	26	1.00	832.40	833.40
40	26 1/2-3		0.50	833.40	833.90
41	27 1/2-1	27	1.00	834.40	835.40
42	27 1/2-2		0.60	835.40	836.00
43	28 1/2-2	28	1.00	838.10	839.10
44	28 1/2-3		1.00	839.10	840.10
45	29 1/2-2	29	1.00	842.05	843.05
46	29 1/2-3		1.00	843.05	844.05
47	30 1/2-2	30	1.00	1 071.00	1 072.00
48	30 1/2-3		1.00	1 072.00	1 073.00

续表

序号	岩心段编号	筒次	长度 /m	顶深 /m	底深 /m
49	30 1/2-4	30	1.00	1 073.00	1 074.00
50	30 1/2-5		0.20	1 074.00	1 074.20
51	30 2/2-1		0.34	1 074.20	1 074.54
52	31 1/2-1-2	31	1.00	1 079.87	1 080.87
53	31 1/2-1-3		0.50	1 080.87	1 081.37
54	31 1/2-1-4		0.65	1 081.37	1 082.02
55	31 1/2-2-5		1.00	1 082.02	1 083.02
56	31 1/2-2-6		1.00	1 083.02	1 084.02
57	31 1/2-2-7		1.00	1 084.02	1 085.02
58	31 1/2-2-8		0.50	1 085.02	1 085.52
59	31 1/2-2-9		0.65	1 085.52	1 086.17
60	31 2/2-1		0.33	1 086.17	1 086.50
61	32 1/2-1-1	32	1.00	1 086.50	1 087.50
62	32 1/2-1-2		0.50	1 087.50	1 088.00
63	32 1/2-1-3		1.00	1 088.00	1 089.00
64	32 1/2-1-4		1.00	1 089.00	1 090.00
65	32 1/2-1-5		0.79	1 090.00	1 090.79
66	32 1/2-2-6		1.00	1 090.79	1 091.79
67	32 1/2-2-7		1.00	1 091.79	1 092.79
68	32 1/2-2-8		0.81	1 092.79	1 093.60
69	32 1/2-2-9		1.00	1 093.60	1 094.60
70	32 2/2-1		0.40	1 094.60	1 095.00
71	33 2/3-1-2	33	1.00	1 310.50	1 311.50
72	33 2/3-1-3		1.00	1 311.50	1 312.50
73	33 2/3-1-4		1.00	1 312.50	1 313.50
74	33 2/3-1-5		1.00	1 313.50	1 314.50
75	33 2/3-1-6		0.90	1 314.50	1 315.40
76	33 2/3-1-7		0.33	1 315.40	1 315.73
77	33 2/3-2-8		1.00	1 315.73	1 316.73

续表

序号	岩心段编号	筒次	长度 /m	顶深 /m	底深 /m
78	33 2/3-2-9	33	1.00	1 316.73	1 317.73
79	33 2/3-2-10		0.40	1 317.73	1 318.13
80	33 3/3-1		0.37	1 318.13	1 318.50
81	34 1/2-1-2	34	1.00	1 320.00	1 321.00
82	34 1/2-1-3		1.00	1 321.00	1 322.00
83	34 1/2-2-6		1.00	1 322.00	1 323.00
84	34 1/2-2-7		0.60	1 323.00	1 323.60
85	34 1/2-2-8		0.56	1 323.60	1 324.16
86	36—1	36	1.00	1 331.95	1 332.95
87	36—2		1.00	1 332.95	1 333.95
88	36—3		1.00	1 333.95	1 334.95
89	36—4		0.60	1 334.95	1 335.55
90	36—5		0.55	1 335.55	1 336.10

第一取心段为 520.00~575.00 m，送至实验室的岩心长为 24.83 m。该段岩心多为中厚层状结构，水平纹层欠发育，底部和中部发育波状纹层；该段下部粒度大，以粉砂质泥岩为主，向上变细，泥岩中可见透镜状层理（图 4-1-1）。

第二取心段为 810.00~845.00 m，送至实验室的岩心长为 13.17m。岩心观察水平纹层极发育，底部见小型断续波状纹层，中上部见典型的钙质揉皱和钙质结核，炭屑纹层不发育；以泥岩为主，发育有泥质粉砂岩（图 4-1-2）。

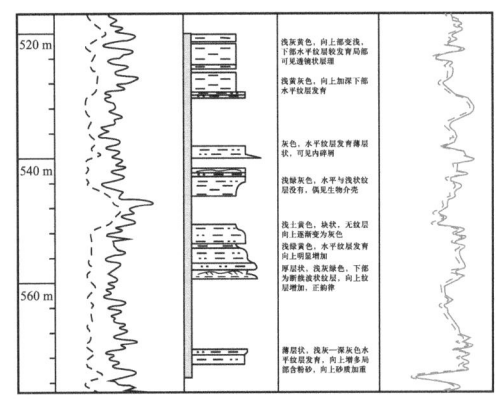

图 4-1-1　第一取心段（520.00~575.00 m）

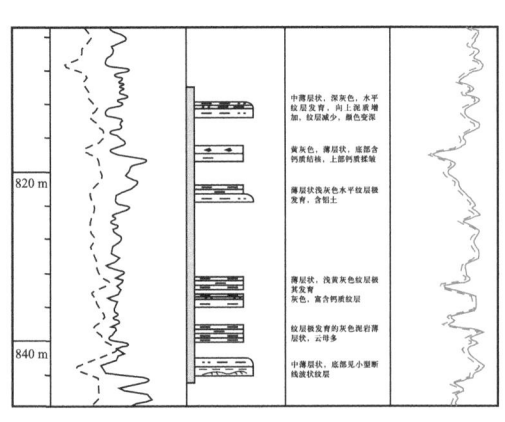

图 4-1-2　第二取心段（810.00~845.00 m）

第三取心段为1 070.00~1 095.00 m,送至实验室的岩心长为18.83 m。岩心观察发现水平纹层和炭屑纹层极发育,以浅色泥岩为主;下部发育有中层状粉砂质泥岩,内部富含生物介屑,并可见波状纹层(图4-1-3)。

第四取心段为1 310.00~1 336.10 m,送至实验室的岩心长为16.25 m。岩心颗粒相对较粗,多粉砂质泥岩和泥质粉砂岩,波状纹层和炭屑纹层发育,水平纹层不太发育,该段底部生物碎屑和生物遗迹发育(图4-1-4)。

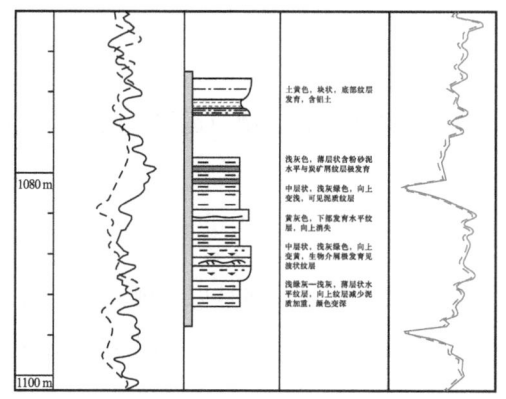

图4-1-3 第三取心段(1 070.00~1 095.00 m)

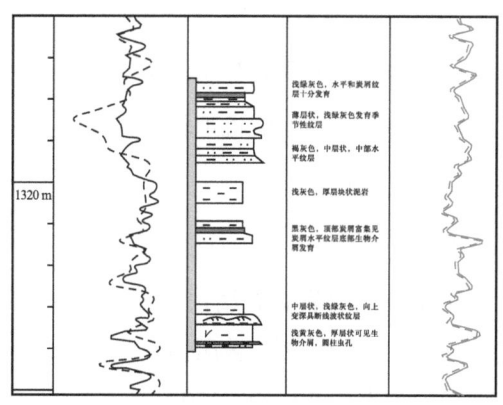

图4-1-4 第四取心段(1 310.00~1 336.10 m)

三、实验样品制取

岩心运至实验室后,将带PVC筒的岩心整段放入冰柜中,加干冰冷冻。当岩心完全冷冻成固态后,切开PVC筒,确定选择好的取样部位,采用液氮循环方法钻入岩样,制样过程中岩心始终保持冷冻状态,岩心不变形。将钻取的柱塞岩样在冷冻状态下进行两端磨平,然后两端加丝网采用聚四氟胶带包裹好,写上岩样编号,成为实验分析用的柱塞岩样。

根据实验分析研究的需要,按设计要求成功制取758块岩心(图4-1-5)。制取岩样的成功率达到百分之九十五以上,取得了具有储层代表性的岩样,为各项实验分析和涩北气田的储层研究及开发机理实验研究打下了坚实的基础。

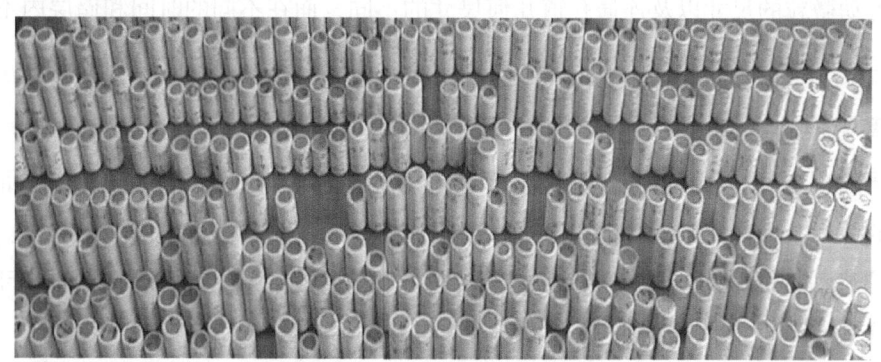

图4-1-5 制好的柱塞岩样

第二节 疏松砂岩特殊渗流机理实验分析

本节利用填砂岩心对疏松砂岩的压实作用、压实出水、出水对出砂状态影响等的渗流机理进行了实验研究。按照松散岩心制样新工艺制作了 66 个填砂管模型，分成了 6 组，其中 3 组用于干式（干砂填制）压实实验，另外 3 组用于湿式（建立不同初始含水饱和度）压实实验，共记录测试数据点 660 个。

一、疏松砂岩的特殊渗流机理

疏松砂岩介质渗流机理较为特殊，其压敏效应、束缚水转化、微粒运移和两相流动均与常规砂岩存在差异。

1. 压敏效应

由于其成岩后岩石结构疏松，大部分疏松砂岩储层岩石颗粒间是以接触式胶结为主的，比孔隙式胶结更易被压缩，导致了疏松砂岩具有更显著的压敏效应，即当岩石受到的有效应力越大，其渗透率越低。

2. 束缚水转化

在束缚水条件下，储层内没有可动水的存在，当岩石受到的有效应力增大时，将发生岩石形变，使储层岩石的孔隙体积减小，一部分束缚水将转化为可动水，在气藏中形成气水两相流动。

3. 微粒运移

储层多孔介质内流体的流动可引起储层内微粒的运移，在适当的条件下将疏通储层内部分渗流通道，使储层渗透率得以改善。如果疏通条件难以满足，例如微粒被淤塞在某处孔道内，将引起储层渗透率的降低。微粒运移的疏通和淤塞效果随着流体流速、流动压力梯度、可动微粒的尺寸以及连通孔道几何尺寸的不同，而在不同的时间和储层内不同位置处交替起作用。

4. 两相流动

储层内含有可动水的两相流动将显著降低气相的有效渗透率，与因压实作用而使渗透率降低的效果共同作用，综合效应往往大于出水携砂导致储层渗透率的增大效果。因此疏松砂岩的流动特征总体体现为储层在出水出砂后其孔隙间液体难以流动，气井产能降低，出现供气供液不足、产量递减的生产矛盾。

二、束缚水转可动水的机理

束缚水有三种主要的存在形式：其一是细小孔隙中的不可动水，其二是附着在岩石颗粒表层的附着水，其三是处于颗粒相交处和较大孔隙角落处的悬浊液。束缚水在岩石应力状态及孔隙结构不发生改变的条件下不会参与渗流。

可动水指除去岩石矿物结晶水及束缚水以外的地层水。油气井开始生产时，在一定的压力梯度下，可动水会参与渗流，随油气一起流动，一同被采出。

在疏松砂岩储层的衰竭开采方式下，地下流体发生膨胀，气、水以及岩石孔隙空间的膨胀比例不同，因此多余的气、水会被挤出岩石孔隙空间（图4-2-1）。由于岩石颗粒表面的润湿性差异和气水黏度的差异等，导致在膨胀过程中，首先流出的是气，然后是气水两相流。对于疏松砂岩介质，在压实过程中，会在一定范围内发生不同程度的结构变形，进一步加强了地下流体分布以及流动形态的变化，新增可动水将由原孔隙中的部分束缚水转变过来。地层流体重新分布后，气水的相对比例将发生变化，从而使地层中原本的单相流动转变为气水两相流动，降低气相渗透率。

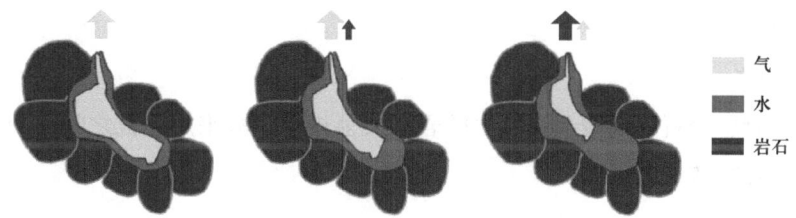

图4-2-1 可动水形成过程示意图

三、可动水对出砂的影响机理

1. 微粒运移的提高渗透率机理

水相对岩石是润湿相，润湿相的流动将更容易导致微粒的运移。疏松砂岩胶结疏松，储层中的泥质充填或附着于骨架砂周围和其中，发生渗流时，这些微粒容易发生运移。当束缚水转化为可动水时，在储层内近井地带随着汇聚流的形成，将逐渐出现连续的水相流动，当条件满足（孔道允许微粒通过且流动压力梯度产生的流体流速足以携带微粒运移），可动水的流动就会将堵塞在孔隙和喉道中的颗粒冲开，并在储层内形成高速通道，使储层局部产生高渗透带。

对于疏松砂岩储层，微观上出水存在局部提高渗透率的现象，其原因是微粒运移。但对于储层的尺度，在采用完全防砂开采方式的前提下，微粒运移在近井最终将产生堵塞。因此，对于疏松砂岩储层，无论在实验室岩心实验上体现为提高还是降低渗透率，这个临界流速都是实际储层发生出砂堵塞需要回避的最大配产界限。

2. 出水水敏的降低渗透率机理

储层岩石的水敏是指储层中黏土矿物遇到低矿化度水而产生膨胀分散，进而堵塞储层引起渗透率降低的现象。岩心水敏性评价实验的目的是确定储层是否存在水敏以及水敏强弱的程度，以便为现场设计工作液时是否采用防膨胀措施提供依据。水敏性的评价指标为注蒸馏水时岩心渗透率与注模拟地层水时岩心渗透率之比。该值越大，说明储层的水敏性越弱，反之越强。

四、渗流主控因素实验分析

1. 实验原理

本次实验采用填砂管模型。利用填砂管模型可以制造不同泥质含量、不同含水饱和度和不同挡砂精度的人造岩心，对各种储层及实验条件具有较好的适应性与代表性。利用软胶填砂管，还可以在径向（常规不锈钢填砂管只能在轴向）实现对岩心围压的改变，模拟不同的压实程度和有效应力状态，并且较好地模拟疏松砂岩岩心的胶结状态、泥质含量与应力应变机理。

1）胶结状态

疏松砂岩储层岩石胶结较差，取出的岩心大多松散，故采用颗粒之间无胶结的填砂管进行模拟，两者胶结状态相似。

2）泥质含量

疏松砂岩成岩程度低，储层的泥质并没有较好地发挥胶结物的功能，而是游离在骨架砂之间，随气水流动而产出。实验采用80目石英砂模拟骨架颗粒，采用不同比例的320目石英砂模拟地层中的泥质颗粒，可以较好地模拟疏松砂岩的粒度分布和微粒运移。

3）应力—应变

疏松砂岩骨架松散，在开采过程中，由于骨架结构的变形，孔隙度与渗透率均对有效用力有一定的敏感性；而填砂管中颗粒排列疏松，结构有效应力增大时，部分岩石颗粒由疏松排列转化为紧密排列，其孔隙度与渗透率均随应力变化而变化，可有效模拟疏松砂岩的应力—应变特征。

2. 实验方案

本项研究设计了干式压实（岩心的常规应力敏感测试）和湿式压实（建立在一定含水饱和度基础上的应力敏感测试）两类实验。

（1）干式压实实验反映的是随着岩石有效应力的增加，骨架发生变形后，流动通道减小对渗透率降低的单因素影响。

（2）湿式压实实验反映的是随着岩石有效应力的增加，束缚水存在与流动通道减小双重作用对渗透率降低的影响。

通过干式压实与湿式压实实验结果的对比，可从渗透率变化数据中分离出含水饱和度对渗透率变化的影响，并总结束缚水的存在对渗透率变化的影响规律。

实验采用填砂管方案，填砂管如图 4-2-2 所示。选用 80 目（代表骨架砂）和 320 目（代表胶结物、泥质和可动砂微粒）石英砂模拟实际储层的不同泥质含量，填砂比例分别为 100∶0（全粗砂）、98∶2、96∶4、94∶6、92∶4、90∶10、85∶15、80∶20、75∶25、70∶30 及 0∶100（全粉砂）。

图 4-2-2　研究渗流机理的填砂管

3. 实验设备

采用孔渗联测仪，由多组压力传感器、压力控制阀及岩心夹持器组成（图 4-2-3）。

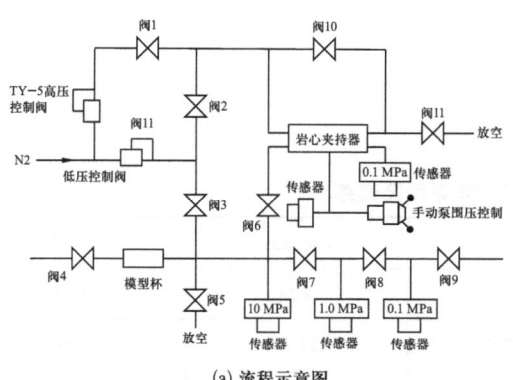

(a) 流程示意图　　　　　　　　　(b) 实物装置

图 4-2-3　孔渗联测仪

4. 实验步骤

（1）填砂管制样。

（2）建立束缚水饱和度。

（3）建立围压。

（4）干式压实，计算渗透率的压敏效应，单因素储层伤害评价。保持起始端压力恒定，逐渐增加围压（2.5～20 MPa），每一压力持续 30 min，再测定填砂管渗透率；缓慢减小围压（20～2.5 MPa），每一压力点持续 1 h 后测量压力和流量；填砂管进出口压差和出口流量稳定后，记录填砂管内部的渗透率；待所有压力点测完后关驱替泵；实验结束后，绘制岩心渗透率变化曲线。

（5）湿式压实，评价混合因素对储层的伤害。计算填砂管达到预定含水饱和度的加水体积；由填砂管一端滴入计算体积的水，然后端面向上静置 1 h；保持起始端压力恒定，逐渐增加围压（2.5～20 MPa），每一压力持续 30 min，再测定填砂管渗透率；缓慢减小围压（20～2.5 MPa），每一压力点持续 1 h 后测量压力和流量；填砂管进出口压差和出口流量稳定后，测定填砂管渗透率；待所有压力点测完后关驱替泵；实验结束后，绘制岩心渗透率变化曲线。

（6）评价束缚水转化为可动水与压实效应对渗透率的伤害机理。

5. 实验数据分析

填砂管渗透率的主要影响因素包括泥质含量、围压和含水饱和度，对 430 个测试点进行了多元回归统计，得到回归方程系数（表 4-2-1）和经验公式：

$$K = 15.20\sigma^{-1} + 22.93\frac{1}{1+V_{\text{sh}}^2} - 7.38 S_{\text{w}} \qquad (4\text{-}2\text{-}1)$$

式中　K——渗透率，mD；

　　　σ——围压，MPa；

　　　V_{sh}——泥质含量；

　　　S_{w}——含水饱和度。

表 4-2-1　回归方程系数及误差

回归参数	系数	标准差	下限 95%	上限 95%
围压倒数	15.20	3.03	9.24	21.15
泥质立方倒数	22.93	0.82	21.32	24.54
饱和度	−7.38	3.14	−13.56	−1.20

利用回归公式（4-2-1）计算的渗透率变化规律图版曲线如图 4-2-4 所示。

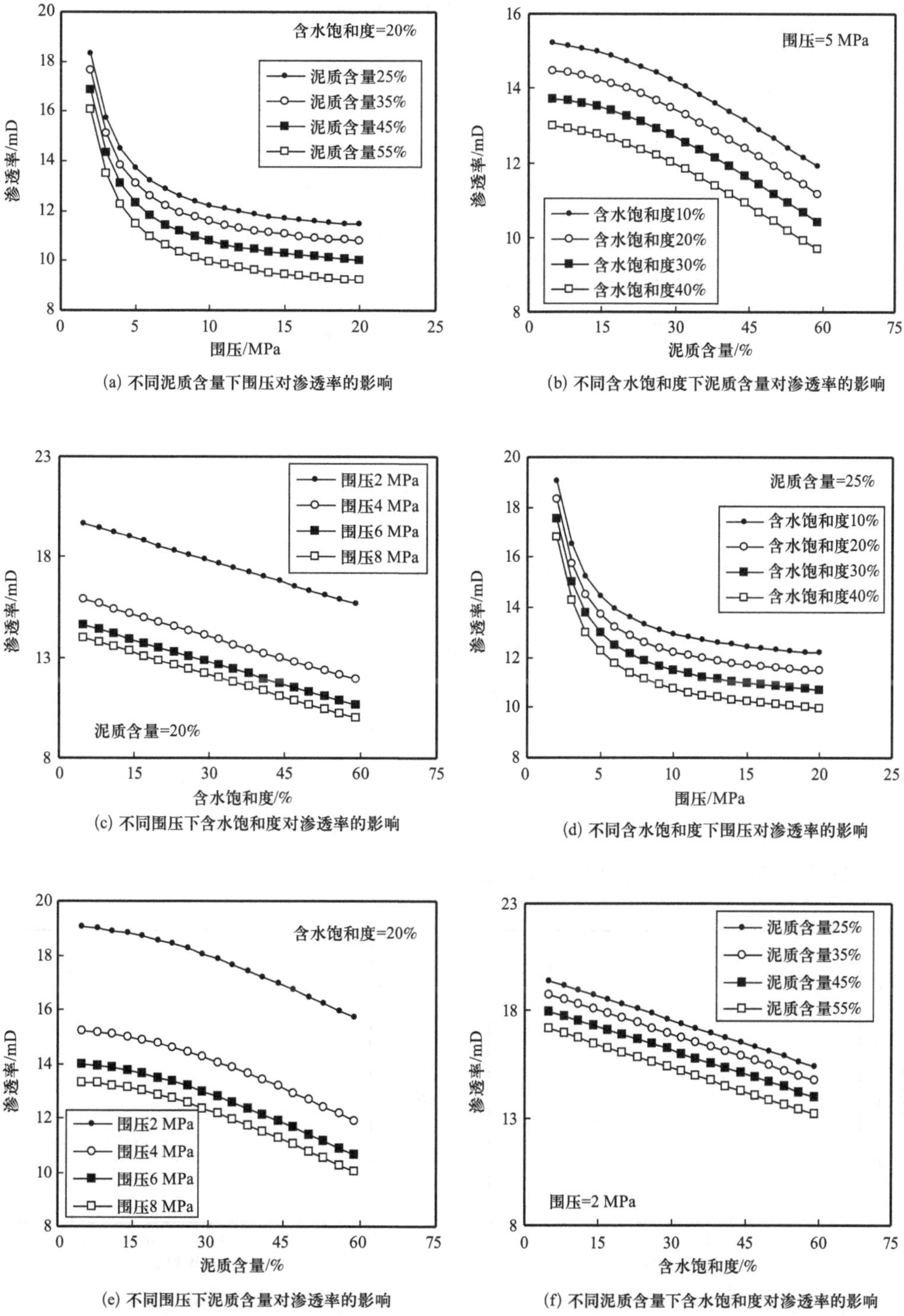

(a) 不同泥质含量下围压对渗透率的影响

(b) 不同含水饱和度下泥质含量对渗透率的影响

(c) 不同围压下含水饱和度对渗透率的影响

(d) 不同含水饱和度下围压对渗透率的影响

(e) 不同围压下泥质含量对渗透率的影响

(f) 不同泥质含量下含水饱和度对渗透率的影响

图 4-2-4　填砂管渗透率变化规律图版

第三节 气水两相渗流实验分析

一、气水相对渗透率测试实验分析

选择不同渗透率级别岩心开展了气水相渗实验20组次,获得了气驱水过程中气相启动压力和残余水下气相渗透率等关键参数,为储层气水渗流能力评价提供关键依据。气水相对渗透率测试时,在岩心加持器中装入饱和水后的岩样,水样采用模拟地层水,同时加上围压。设置一定驱替压力开展气驱水实验测试,记录驱替过程中压力、气流量和水流量等参数,计算相对渗透率曲线,统计关键参数指标(图4-3-1)。

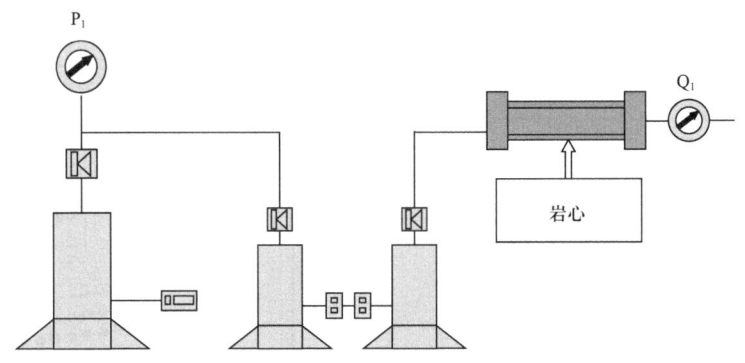

图4-3-1 气水相对渗透率测试实验流程图

在渗透率为0.6~172 mD的疏松砂岩岩心上开展了常规气水相渗实验,根据气水相渗曲线形态特征(图4-3-2至图4-3-21),疏松砂岩残余水饱和度较高,为50%~80%,气水两相共渗区间较小。大多数岩样气水能流动,水侵后对气相存在影响。

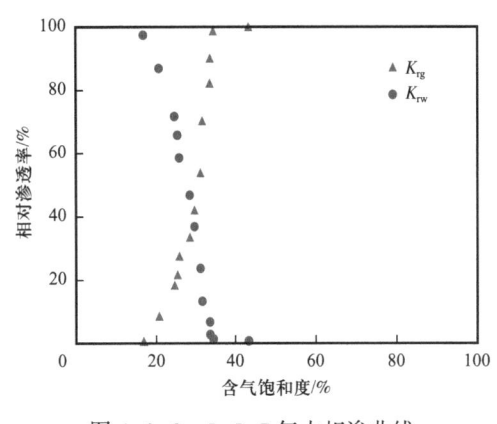

图4-3-2 5-5-7气水相渗曲线

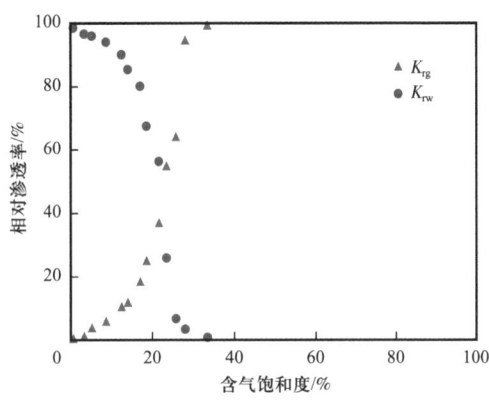

图4-3-3 5-5-9气水相渗曲线

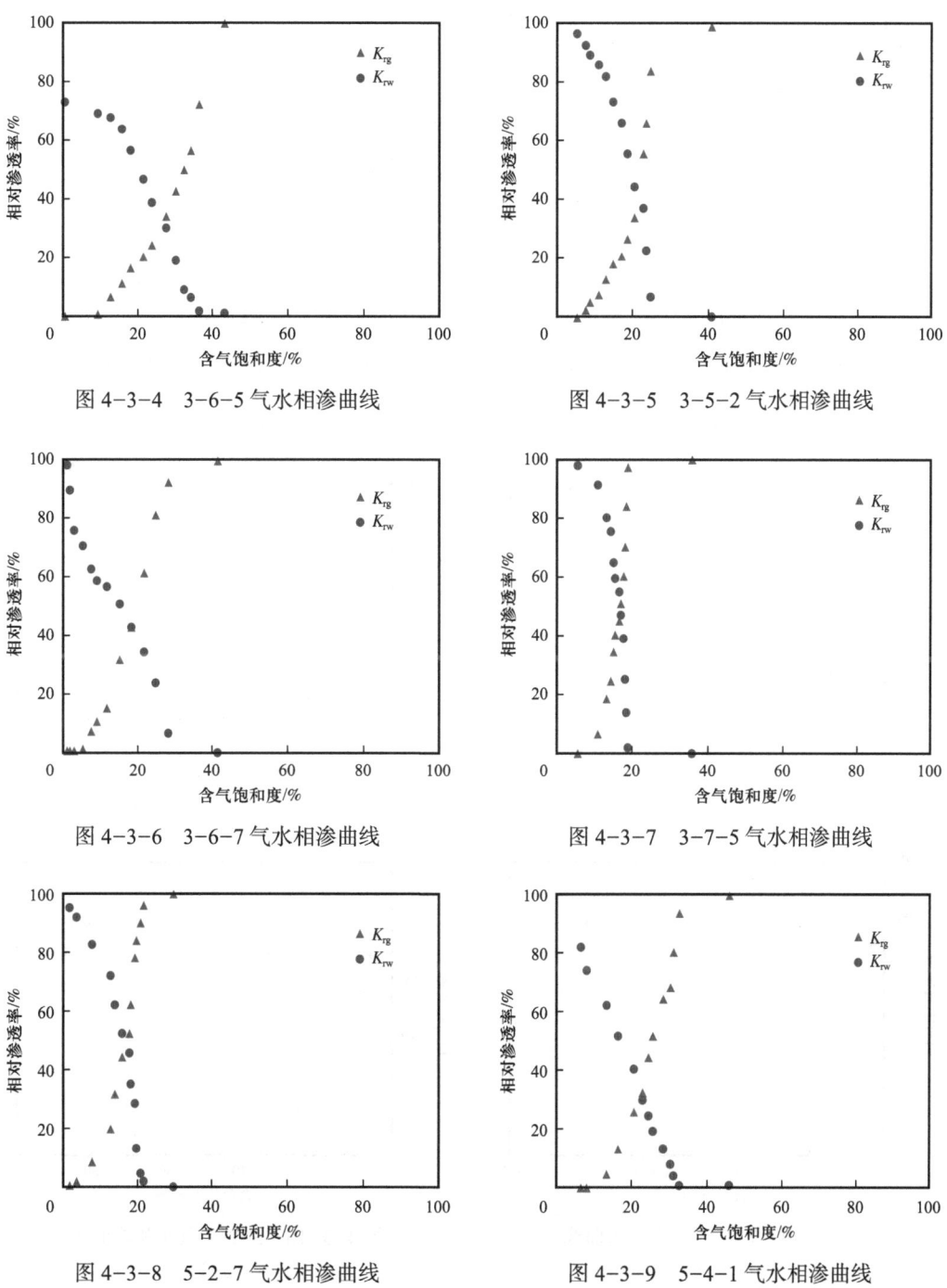

图 4-3-4　3-6-5 气水相渗曲线

图 4-3-5　3-5-2 气水相渗曲线

图 4-3-6　3-6-7 气水相渗曲线

图 4-3-7　3-7-5 气水相渗曲线

图 4-3-8　5-2-7 气水相渗曲线

图 4-3-9　5-4-1 气水相渗曲线

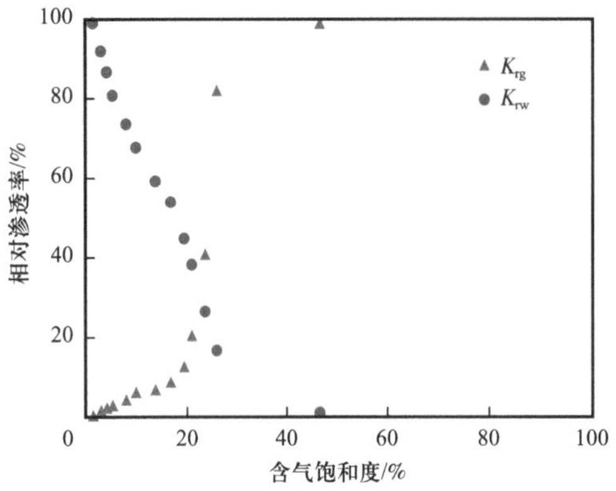

图 4-3-10　5-4-3 气水相渗曲线

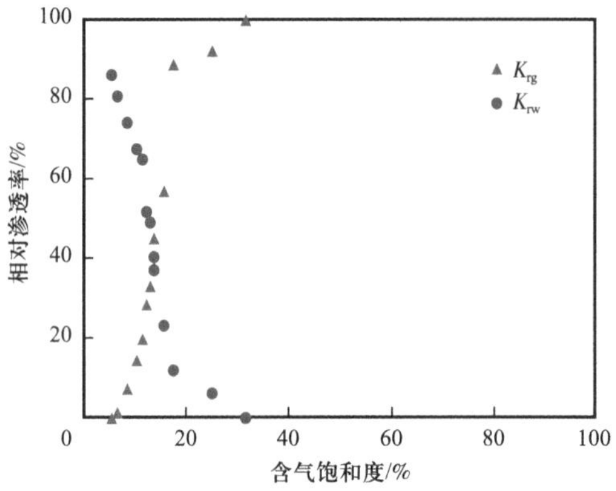

图 4-3-11　1-3-6 气水相渗曲线

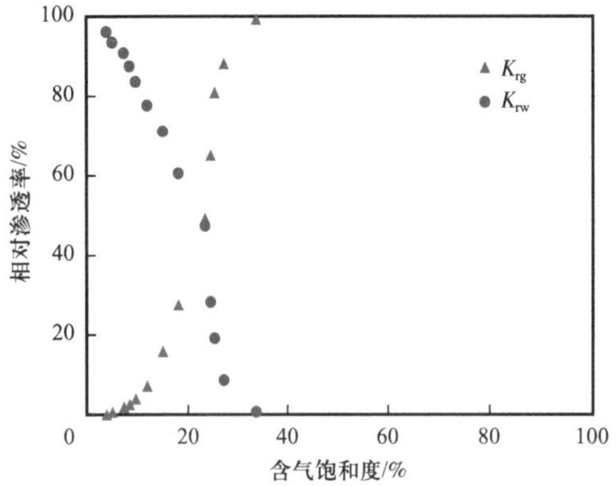

图 4-3-12　3-8-3 气水相渗曲线

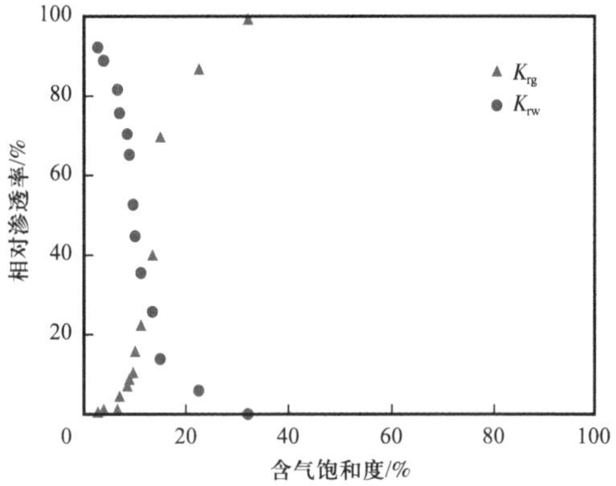

图 4-3-13　6-6-3 气水相渗曲线

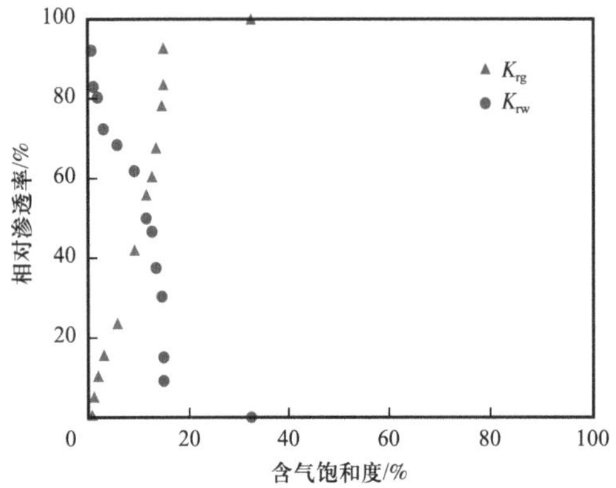

图 4-3-14　7-6-5 气水相渗曲线

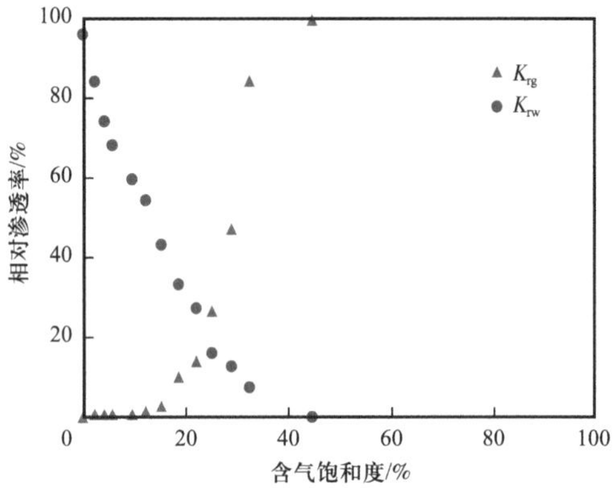

图 4-3-15　5-2-1 气水相渗曲线

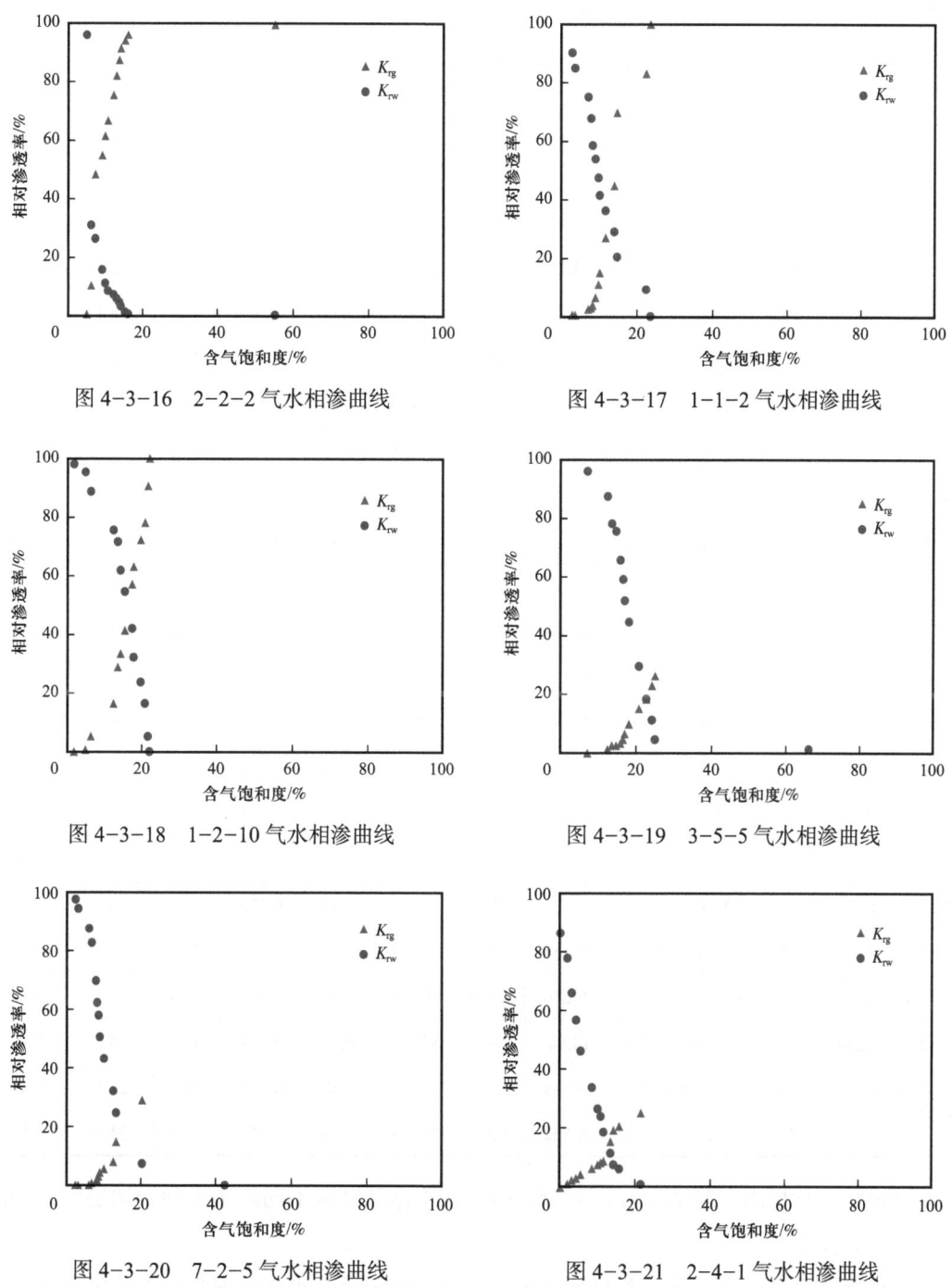

图 4-3-16　2-2-2 气水相渗曲线

图 4-3-17　1-1-2 气水相渗曲线

图 4-3-18　1-2-10 气水相渗曲线

图 4-3-19　3-5-5 气水相渗曲线

图 4-3-20　7-2-5 气水相渗曲线

图 4-3-21　2-4-1 气水相渗曲线

气水相对渗透率实验结果见表 4-3-1。岩心常规空气渗透率与残余水饱和度关系如图 4-3-22 所示。从图 4-3-22 可以看出，疏松砂岩残余水饱和度较高，为 50%～80%。

表 4-3-1 气水相对渗透率实验结果表

样品号	围压/MPa	孔隙度/%	岩石体积/cm³	孔隙体积/cm³	饱和进水体积/cm³	饱和程度/%	空气渗透率/mD	初始压力/MPa	残余水下气相渗透率/mD	残余水饱和度/%	含气饱和度/%	围压出水量/mL
3-5-2	0.215	32.6	28.482	9.285	10.472	112.8	21.100	0.22	0.435	58.9	41.1	1.30
3-5-5	10.00	23.6	24.903	5.877	8.993	153.0	0.680	10.00	0.005	34.9	65.1	2.30
3-6-5	0.100	27.7	26.758	7.412	7.597	102.5	46.400	0.10	9.090	56.2	43.8	0.20
3-6-7	2.000	21.7	27.349	5.935	6.049	101.9	0.611	2.00	0.061	58.6	41.4	0.20
3-7-5	0.580	27.7	29.144	8.073	9.521	117.9	13.800	0.58	0.117	64.2	35.8	1.20
5-2-7	0.300	28.2	18.165	5.123	6.304	123.1	12.700	0.30	0.199	70.5	29.5	0.50
5-4-1	0.300	29.0	20.830	6.041	7.352	121.7	11.600	0.30	2.140	54.5	45.5	0.40
5-4-3	0.210	34.3	22.179	7.607	8.213	108.0	20.900	0.21	0.215	54.3	45.7	1.20
5-5-7	0.030	30.6	25.644	7.847	8.601	109.6	172.000	0.03	18.700	56.4	43.6	0.30
5-5-9	0.050	26.2	26.493	6.941	8.876	127.9	93.700	0.05	7.430	66.3	33.7	0.20
1-3-6	0.840	32.4	23.450	7.598	10.177	133.9	8.990	0.84	0.105	68.1	31.9	1.20
3-8-3	0.280	28.4	25.105	7.130	9.226	129.4	24.000	0.28	0.151	66.3	33.7	0.70
6-6-3	0.240	28.2	23.540	6.638	8.747	131.8	12.300	0.24	0.083	67.2	32.8	0.50
7-2-5	1.600	30.3	21.474	6.507	9.388	144.3	14.700	1.60	0.016	57.3	42.7	1.30
7-6-5	0.550	26.1	24.353	6.356	8.671	136.4	11.800	0.55	0.023	66.8	33.2	0.90
5-2-1	0.450	27.3	18.696	5.104	6.158	120.6	5.510	0.45	0.047	54.9	45.1	0.40
1-2-10	1.500	32.1	22.111	7.098	9.230	130.0	3.980	1.50	0.008	77.8	22.2	0.80
2-2-2	0.500	31.9	22.849	7.289	14.603	200.3	52.400	0.50	9.628	43.5	56.5	1.30
1-1-2	0.180	25.7	23.985	6.164	7.849	127.3	10.700	0.18	0.017	76.5	23.5	0.45
2-4-1	0.100	28.0	23.705	6.637	8.562	129.0	76.600	0.10	2.472	78.4	21.6	1.50

通过对大量相渗实验结果统计分析表明：含水饱和度对不同渗透率砂岩储层的气相渗流能力影响存在差异。

常规渗透率与残余水下气相渗透率如图 4-3-23 所示，残余水饱和度下的气相渗透率低，与常规空气渗透率对比下降幅度较大。渗透率小于 5 mD 的岩心下降近 100 倍，渗透率为 5～50 mD 的岩心下降 10～100 倍，渗透率大于 50 mD 的岩心下降小于 10 倍。

岩心渗透率下降小于 10 倍时，气水均容易流动，水侵后对气相影响小；岩心渗透率下降 10~100 倍时，气水能流动，水侵后对气相存在影响；岩心渗透率下降近 100 倍时，气水难流动，水侵后对气相影响大。

实验结果显示由于含水饱和度对渗透率小于 5 mD 的储层气相渗流能力影响极大，开发过程中要避免水侵沿高渗透层突进后对该类储层形成水封。

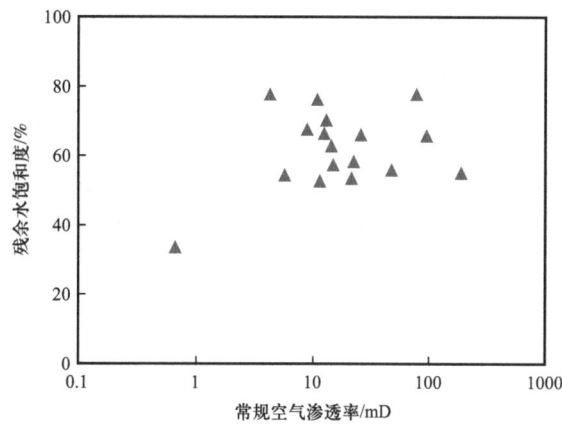

图 4-3-22 常规空气渗透率与残余水饱和度关系图

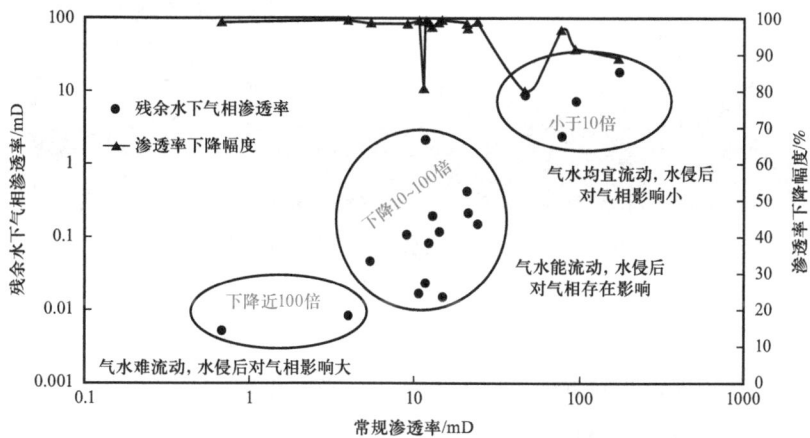

图 4-3-23 常规渗透率与残余水下气相渗透率关系图

气水相对渗透率实验气驱水过程中出砂明显（图 4-3-24）。

 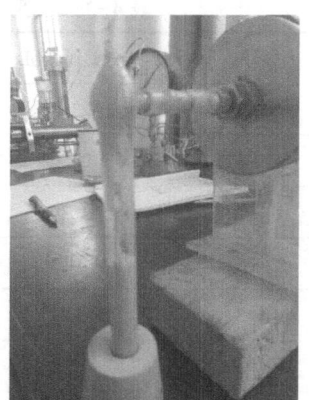

(a) 出口段黏附砂粒　　(b) 气驱出砂

图 4-3-24 气驱水过程中出砂

二、宏观可视化水侵物理模拟实验分析

可视化水侵物理模拟实验的研究目的是揭示气藏非均匀水侵产生的条件及原因,认识气藏非均匀水侵规律,评价气藏非均匀水侵对气藏开发的影响。通过可视化物理模拟实验,搞清楚平面非均质地质气藏非均匀水侵特征及推进速度、产生的原因等。为此创新建立了一套可视化水侵物理模拟方法及装置(图4-3-25),为研究水侵路径、水侵前沿推进速度及水侵影响提供了关键技术支撑。

图4-3-25 可视化水侵物理模拟实验装置

1. 实验优势

可视化水侵物理模拟实验解决了以下五项关键技术难题。

1)平面非均质地质模型的再现

模拟平面不同储层非均质分布特征,选用四组不同渗透率岩心(每组2块岩心)进行组合连接(表4-3-2和图4-3-26)。

表4-3-2 实验模型岩心参数表

岩心	井号	渗透率/mD	孔隙度/%	长度/cm	直径/cm
K1-1	台4-31	23.60	38.0	4.640	2.443
K1-2	台4-31	24.40	36.7	4.535	2.419
K2-1	台4-31	9.34	29.5	4.398	3.693
K2-2	台4-31	10.20	27.0	5.625	3.707
K3-1	台4-31	5.37	33.6	5.346	2.394
K3-2	台4-31	5.71	32.2	5.394	2.306
K4-1	台4-31	1.93	29.4	5.495	2.355
K4-2	台4-31	2.11	29.4	5.645	2.386

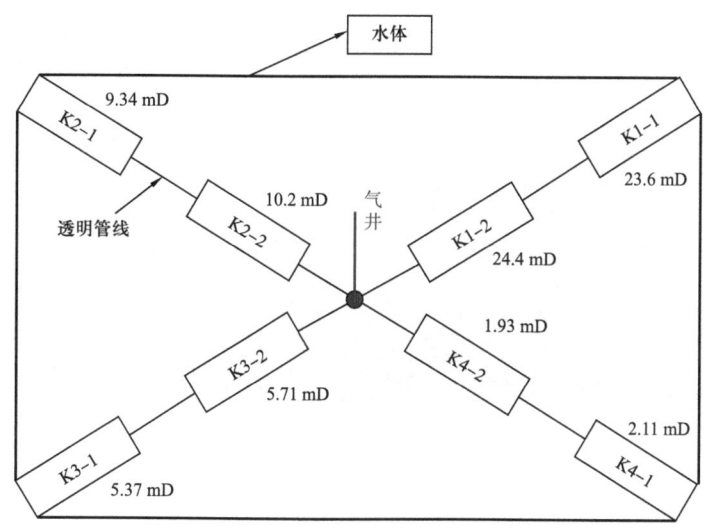

图 4-3-26 模型图

2）气井开采模拟

实验采用高精度回压和围压等控制系统，实现了气井衰竭开采实验模拟，可以模拟气井任意配产或任意生产压差条件下的开采过程。

模拟气井配产对水侵的影响，实验采用不同配产（20 mL/min、50 mL/min、80 mL/min、100 mL/min、150 mL/min）进行衰竭开采（图 4-3-27 和图 4-3-28）。

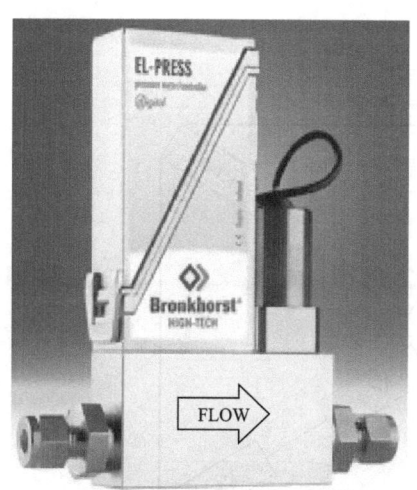

图 4-3-27 实验用流量计

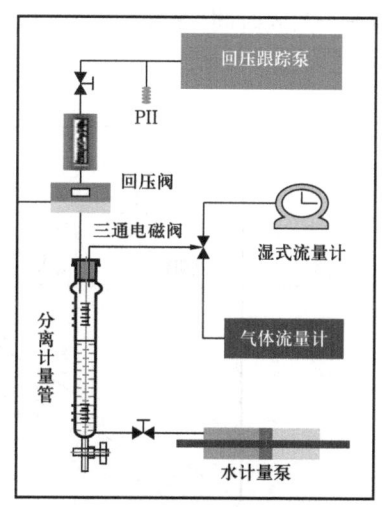

图 4-3-28 气井衰竭开采实验模拟图

3）水侵路径的检测

每组的两个岩心夹持器之间采用耐高压透明管线串联连接，实现了实验过程可视化，可观察不同渗透率层水侵推进过程（图 4-3-29）。

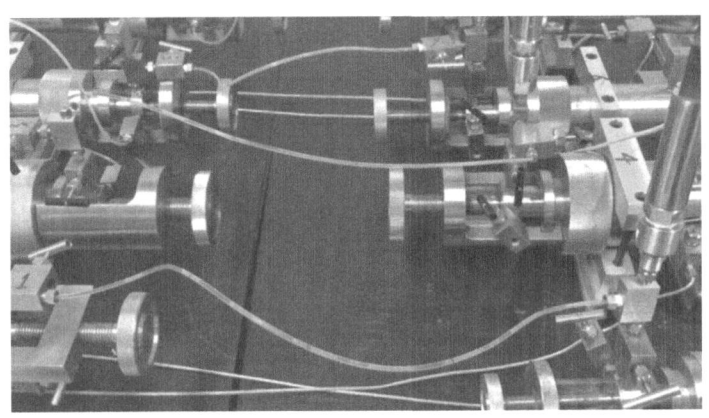

图 4-3-29 实验装置图

4）水侵前沿推进速度的计算

水侵前沿推进速度的计算分两种情况：当边水能推进到透明管线时，根据岩心长度和推进到透明管线的时间进行计算；当边水不能推进到透明管线时，实验结束后取出岩心，根据岩心水侵长度与实验时间进行计算（图 4-3-30）。计算公式为：

$$V = L / t \tag{4-3-1}$$

式中　V——水侵前沿推进速度，cm/min；

　　　L——水侵长度，cm；

　　　t——实验时间，min。

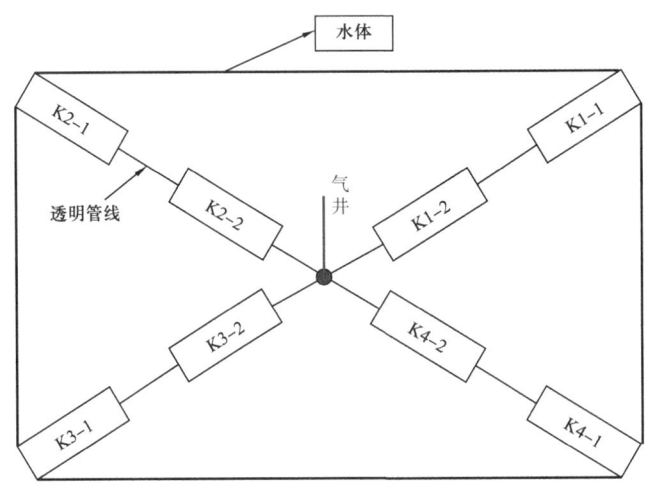

图 4-3-30　模型图

5）水侵对储层供气能力及采收率的影响

根据气水相渗实验以及水侵物理模拟实验，分析疏松砂岩水侵后对供气能力和采收率的影响，如图 4-3-31 和图 4-3-32 所示。

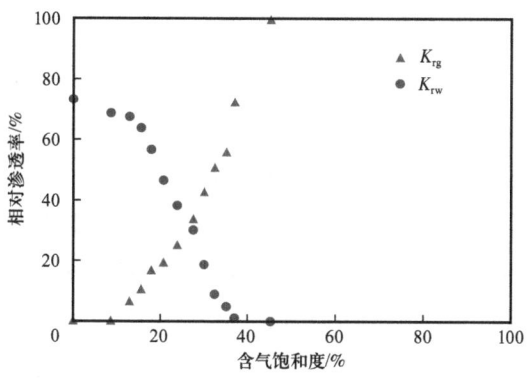

图 4-3-31 气水相渗曲线

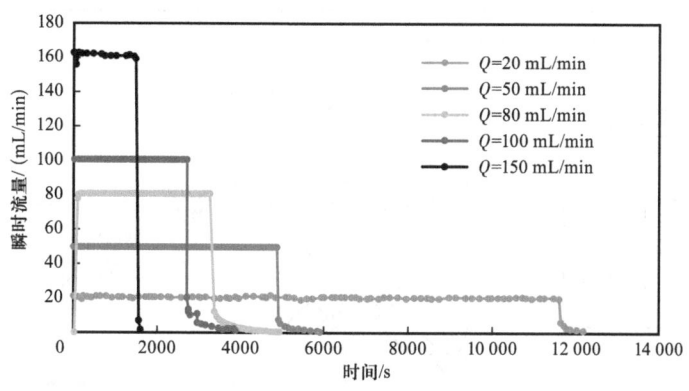

图 4-3-32 实验产量曲线

2. 实验步骤

可视化水侵物理模拟实验方案有两种：模型 1 为不考虑平面上存在区域高渗透带绕流的情景；模型 2 为考虑平面上存在区域高渗透带绕流的情景。岩心参数见表 4-3-3。

表 4-3-3 模型岩心渗透率表

实验	岩心编号	渗透率 /mD
模型 1	K1	23.60
	K2	9.34
	K3	5.37
	K4	2.02
模型 2	K1	156.00
	K2	57.50
	K3	11.70
	K4	3.60

建立宏观可视化水侵物理模拟实验方法，流程如图 4-3-33 所示，将挑选的非均质岩样装入岩心夹持器（CG）后，通过高压注射泵（HP-100A）向岩心夹持器（CG1、CG2、CG3 和 CG4）中的岩心加围压，模拟上覆岩层压力，关闭阀门（V12、V13、V14 和 V15）；关闭阀门 V1、V3、V8、V9、V10 和 V11，打开阀门（V2、V4、V5、V6 和 V7），通过高压气源（GR）向岩心孔隙饱和气，模拟气藏储层原始压力，饱和气至岩心前后两端压力均平衡为实验所需压力时，关闭阀门（V2），使岩心与气源断开，处于自身的压力系统；水体增压至与岩心孔隙气体压力一致，打开阀门 V1，使水体与气层保持连通，处于同一压力系统；然后，打开阀门（V8、V9、V10 和 V11），通过阀门 V3 控制气流量模拟气井开采，观察并记录平面非均质气藏开发过程中的水侵特征。

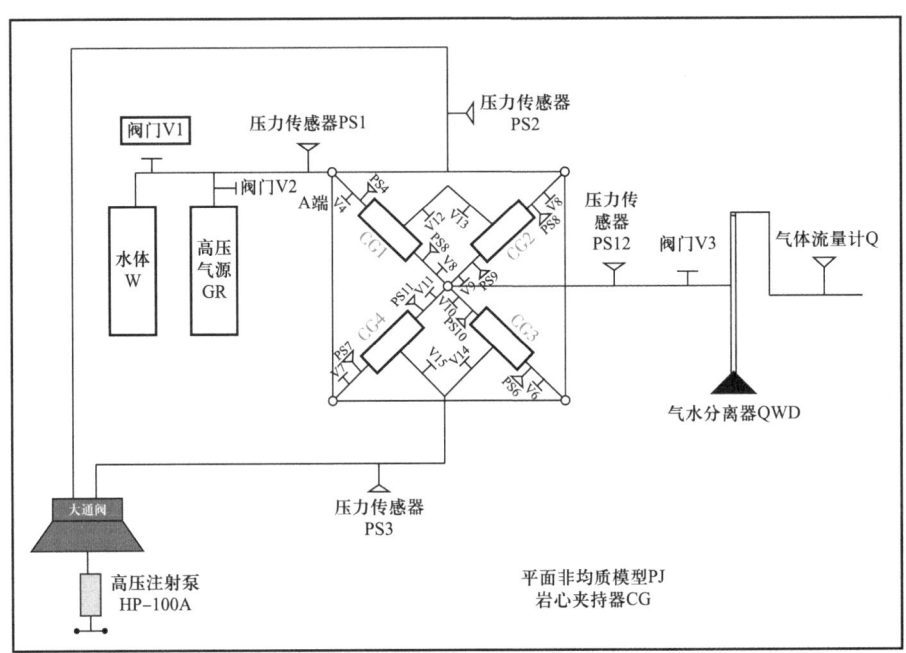

图 4-3-33　宏观可视化水侵物理模拟

进行实验岩心参数和方案设计：

（1）选用四组不同渗透率岩心模拟平面不同储层非均质分布特征（表 4-3-4）。

（2）采用耐高压透明管线串联连接，可以直观观察不同渗透率层水侵推进过程。

（3）实验采用不同配产（20 mL/min、50 mL/min、80 mL/min、100 mL/min、150 mL/min）模拟气井进行衰竭开采。

（4）岩心饱和气，外围接恒压水体（图 4-3-34）。

（5）记录平面不同渗透率储层水侵非均匀推进特征、推进速度、储层压力变化规律、气相渗流能力以及残余气赋存特征等。

图 4-3-34 模拟水侵实验图

表 4-3-4 水侵实验选取岩心统计表

组	样品编号	井号	渗透率/mD	孔隙度/%	长度/cm	直径/cm
一组，串联	1-2-7	台4-31	1.93	29.4	5.495	2.355
	1-2-8	台4-31	2.11	29.4	5.645	2.386
二组，串联	5-3-2	台4-31	9.34	29.5	4.398	3.693
	6-5-1	台4-31	10.2	27.0	5.625	3.707
三组，串联	1-3-5	台4-31	5.37	33.6	5.346	2.394
	1-4-1	台4-31	5.71	32.2	5.394	2.306
四组，串联	1-5-3	台4-31	24.4	36.7	4.535	2.419
	2-2-3	台4-31	22.1	37.2	4.438	2.480

3. 实验结果与认识

通过可视化水侵物理模拟实验研究表明：由于不同渗透率储层中气水渗流启动压力的差异，边水易沿高渗透层向气井突进，特别是渗透率大于 10 mD 的储层；当储层内部存在横向高渗透层时，边水推进过程中易发生横向绕流封堵部分储层，形成水封气，难以采出；配产对水侵影响明显，当实验中配产为 20 mL/min 时，边水沿渗透率为 23.6 mD、9.34 mD 和 5.37 mD 三个方向较均匀推进，当配产达到 150 mL/min 时，边水沿渗透率为 23.6 mD 的储层单方向突进。

1）不同地质模型水侵路径分析

（1）不考虑平面上存在区域高渗透带绕流的模型。

实验结果表明：边水易沿高渗透层向气井突进，特别是渗透率大于 10 mD 的储层是水侵优势通道。

实验过程中水侵优先沿渗透率为 23.6 mD 和 9.34 mD 的两个方向向气井突进，而在渗透率为 5.37 mD 和 2.11 mD 的两个方向水侵弱，表明渗透率大于 10 mD 的储层是水侵的优势通道。实验结果如图 4-3-35 所示。

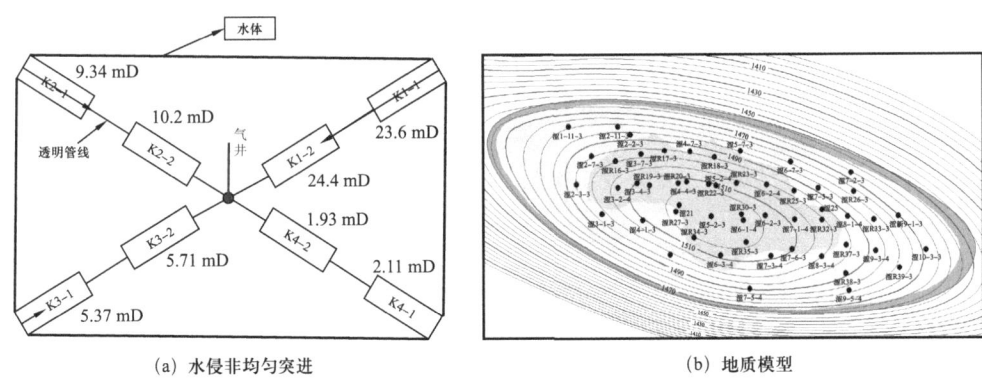

图 4-3-35　水侵路径示意图

（2）当平面上存在区域高渗透带储层横向切割时。

水侵优先沿高渗透层突进后，遇到区域高渗透带时发生绕流，对低渗透层形成水封，将对气藏均衡开采产生影响，实验结果如图 4-3-36 所示。

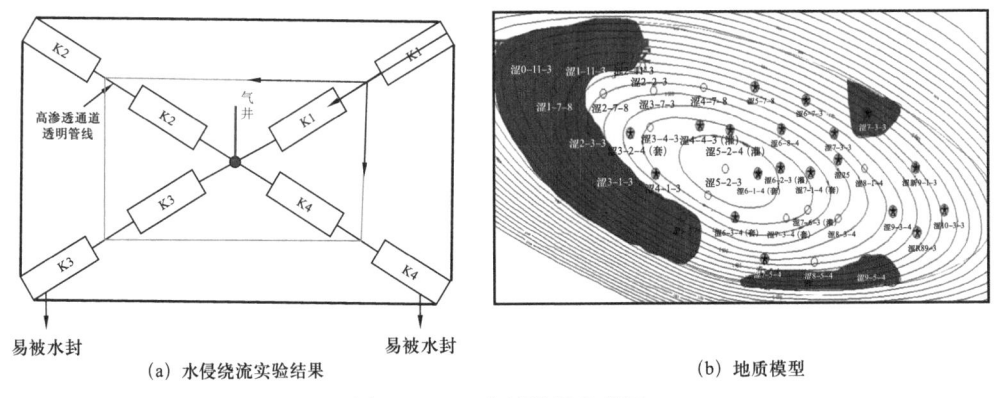

图 4-3-36　水侵路径示意图

（3）不同渗透率储层水侵差异产生的原因。

不同渗透率储层中气水渗流启动压力存在差异，在相同的水体能量条件下，气水沿高渗透层择优渗流。

气驱水实验表明不同渗透率储层，气驱水时启动压力差异较大，大于 10 mD 的岩心启动压力均小于 1.0 MPa，水体易优先选择这类储层突进。小于 10 mD 的岩心启动压力大于 1.0 MPa，水体不易突进。实验结果如图 4-3-37 所示。

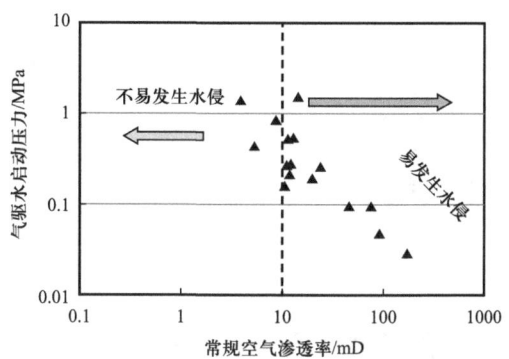

图 4-3-37 气驱水实验测试启动压力结果

2）不同配产对水侵前沿推进速度及水侵路径的影响

（1）配产对水侵前沿推进速度的影响。

配产增加，水侵前沿推进速度增加，高渗透层水侵速度增加更为显著，实验中渗透率为 9.34 mD 和 23.6 mD 的两层水侵前沿推进速度随配产增加更为明显。实验结果见表 4-3-5、图 4-3-38 和图 4-3-39。

表 4-3-5　水侵前沿推进统计表

渗透率/mD	不同配产下水侵前沿推进速度/（cm/min）				
	20 mL/min	50 mL/min	80 mL/min	100 mL/min	150 mL/min
23.6	0.64	1.14	1.5	1.71	2.19
9.34	0.60	0.92	1.21	1.43	—
5.37	0.34	—	—	—	—
2.02	—	—	—	—	—

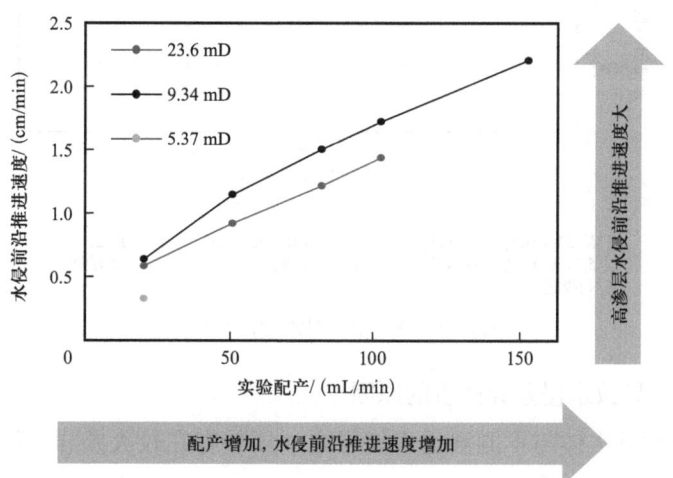

图 4-3-38　不同配产对水侵前沿推进速度的影响

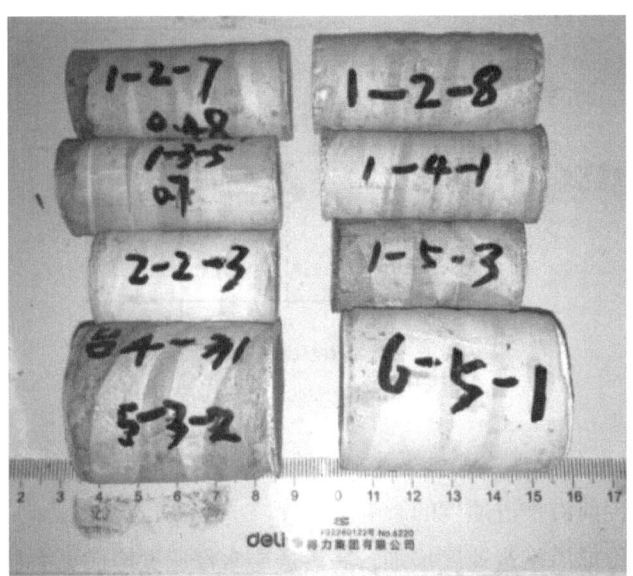

图 4-3-39 实验岩心

（2）配产对水侵路径的影响。

配产对水侵路径影响也比较明显，当实验中配产为 20 mL/min 时，边水沿渗透率为 23.6 mD、9.34 mD 和 5.37 mD 的三个方向较均匀推进，当配产达到 150 mL/min 时，边水沿渗透率为 23.6 mD 的储层单方向突进。实验结果如图 4-3-40 所示。

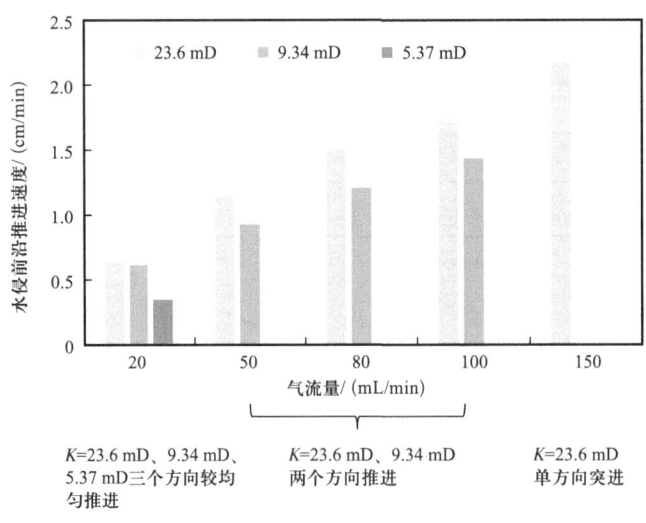

图 4-3-40 配产对水侵路径影响

（3）不同配产导致水侵差异产生的原因。

不同配产条件下水体与不同渗透率储层之间压差存在较大差异。配产较高时，以高渗透层供气为主，水体与高渗透层之间压差远大于低渗透层，导致水体沿高渗透层非均匀推进；当配产较低时，该差异会减小，有利于水体沿各渗透率层均匀推进，提高气藏均匀开采效果。如实验中配产大于 100 mL/min 时，p_W-p_1=4.11 MPa，p_W-p_4=0.12 MPa，差异 3.99 MPa；当配产为 20 mL/min 时，p_W-p_1=3.0 MPa，p_W-p_4=0.2 MPa，差异 2.80 MPa，表明适当控制配产，边水与各渗透率压差更为均衡，水侵更易均匀推进，有利于提高气藏均衡动用（图 4-3-41）。其中 p_W 为外围恒压水体的压力，p_1 为 K1-1 位置岩心的中部压力，p_2 为 K1-2 位置岩心的中部压力，p_3 为 K1-3 位置岩心的中部压力，p_4 为 K1-4 位置岩心的中部压力。

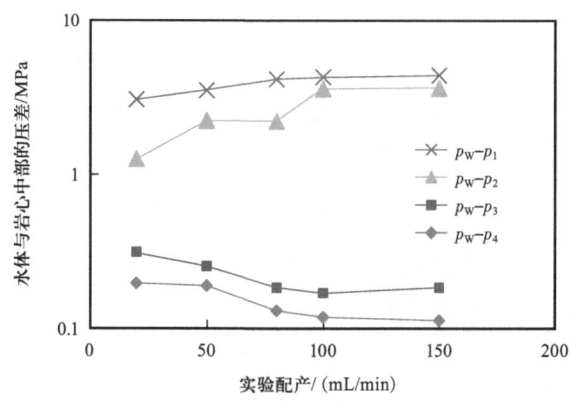

图 4-3-41 不同配产条件下水体与不同渗透率储层之间压差

3）实验结论认识与启示

（1）储层渗透率的大小和分布是水侵路径的根本，在开发井网部署和射孔层位选择时不宜过快动用高渗透储层，防止边水沿高渗透层快速突进，影响气藏均衡开采。

（2）气井配产是影响水侵推进路径及水侵前沿速度的重要因素，在储层存在较强非均质特征条件时，过快放产易导致非均匀水侵，影响气藏整体开发效果。

三、微观可视化气水渗流实验分析

建立微观可视化气水渗流实验方法，结合数字化岩心分析技术，揭示残余气赋存特征。采用疏松砂岩碎屑，利用环氧树脂制作成超薄的模型，在高倍显微镜下观察气水渗流过程，该模型相对于玻璃刻蚀模型，在润湿性及孔喉结构特征方面均更接近真实储层岩石，研究结果更具代表性，如图 4-3-42 和图 4-3-43 所示。

尝试采用数字化岩心实验技术，模拟研究不同孔喉通道中气水渗流特征，揭示残余气赋存特征。从铸体薄片、高压压汞等实验中提取孔喉结构表征参数，建立孔喉结构数学模型。根据气水渗流实验界定不同孔喉中产生流动的条件、流动与压力关系等。结合实际岩心物性特征，模拟计算气水渗流规律，图像化再现气水流动及赋存状态，如图 4-3-44 所示。

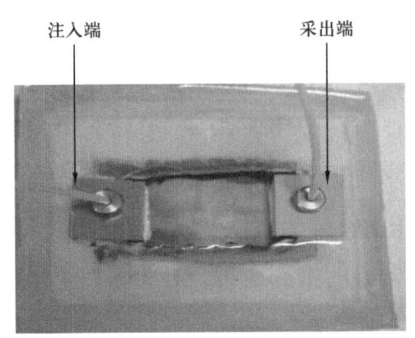

图 4-3-42 微观可视化渗流模型

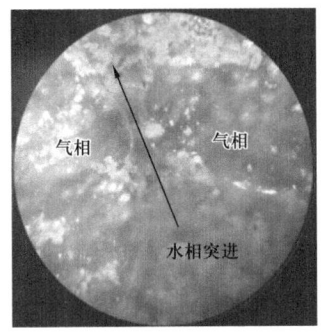

图 4-3-43 高倍显微镜下观察气水渗流特征

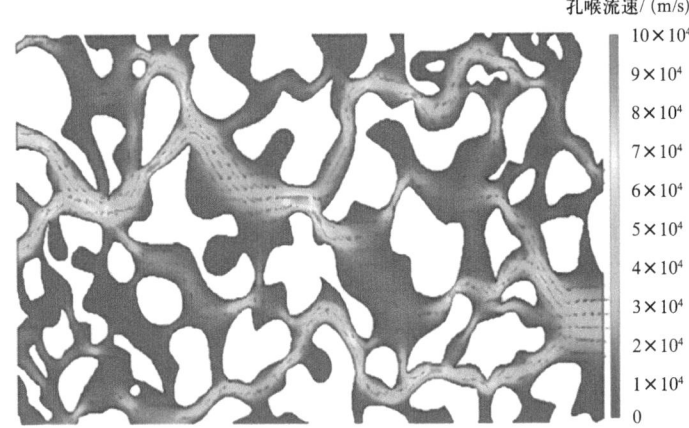

图 4-3-44 孔喉流线图

1. 测试方法

对气藏衰竭开采实验结束后的每组岩心分别打开进行释放，测试了岩心内的未采出气量，实验表明通过井网加密可以提高储量动用程度（图 4-3-45）。

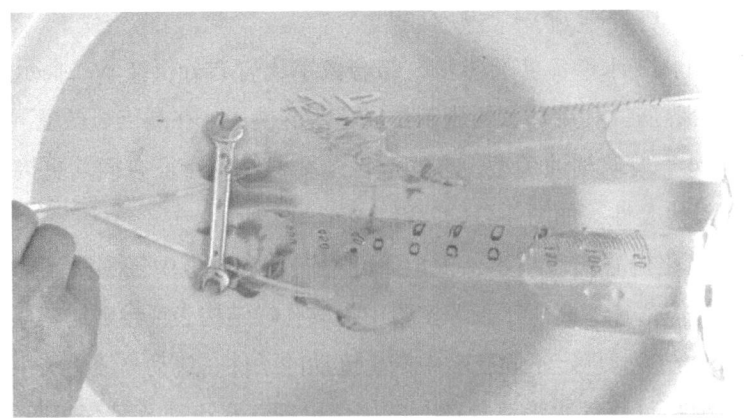

图 4-3-45 残余气收集

2. 赋存特征

未采出气主要赋存在低渗透层（K=3.6 mD）和离气井较远的水侵或水封层。

配产越高则残余气比例越大，实验中配产 20 mL/min 时残余气为 31%，配产 150 mL/min 时残余气为 36%，K=3.6 mD 的低渗透储层差异更为明显，说明水侵绕流后离气井远的储层被水封，难以采出。

实验结果表明适当降低配产，有利于提高采气量（表 4-3-6）。

表 4-3-6 残余气实验结果

渗透率 /mD	残余气比例 /%		
	20 mL/min	80 mL/min	150 mL/min
156.0	29	30	29
57.5	29	30	32
11.7	32	34	34
3.6	35	37	50
平均值	31.25	32.75	36.25

3. 机理分析

微观可视化气水渗流实验过程中，采用高倍显微镜观察水封气的形成，水淹储层会形成较为明显的水封气气泡，气相很难形成连续流动，产出困难。实验结果如图 4-3-46 所示，图中白色是气泡。

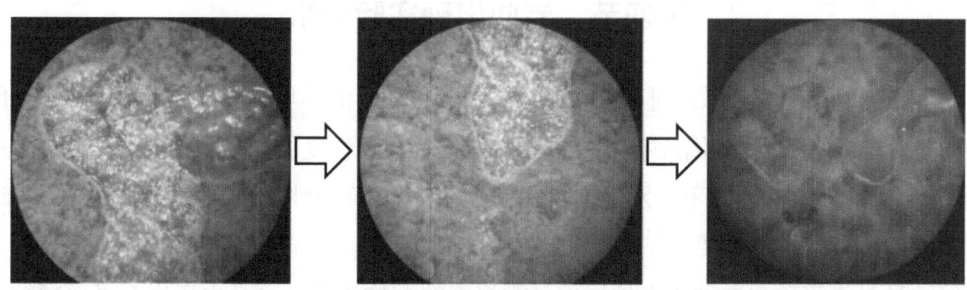

图 4-3-46 微观可视化实验结果（放大 100 倍）

对于非均质储层，采用微观实验与数字化岩心技术进行研究。由于渗流通道差异导致水相沿高渗透层突进，发生绕流后会降低甚至封堵部分低渗透层气相渗流通道，封存部分储层，储量难以有效动用，实验及模拟结果如图 4-3-47 和图 4-3-48 所示。图 4-3-47 中白色是气泡，图 4-3-48 中浅灰色是非连续流气泡。

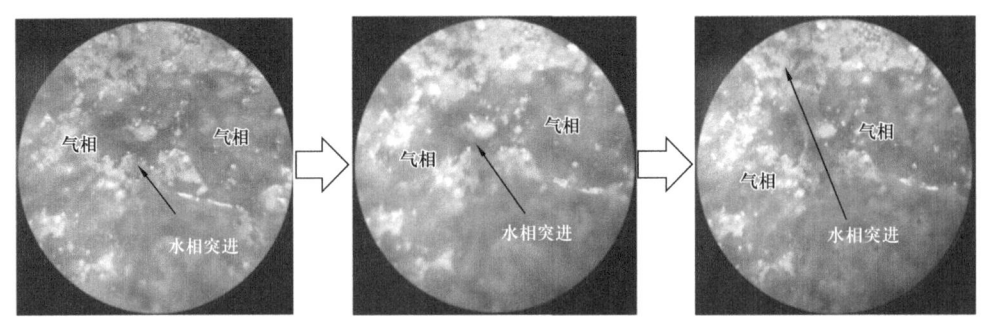

图 4-3-47 水体推进过程（放大 100 倍）

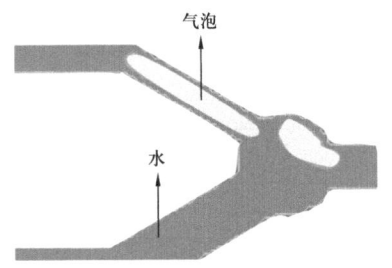

图 4-3-48 数字化岩心模拟计算结果

4. 实验结论认识与启示

（1）水侵后会导致储层含水饱和度增加，对低渗透层（$K<5$ mD）气相渗流能力影响大，开发过程中要避免水侵沿高渗透层突进后对该类储层形成水封。

（2）根据两口检查井岩心观察及含水饱和度测试结果，结合水侵物理模拟实验初步判断台检 1 井发生水淹的可能性大，台 4—31 井部分高渗透层可能发生水淹。

（3）实验结果气藏水侵后容易形成水封气，影响气藏采收率，残余气主要赋存在低渗透层（$K=3.6$ mD）和离气井较远的水侵或水封层，通过井网加密可以进一步提高储量动用程度。

第四节 岩心出砂实验分析

出砂指的是在油气开采的过程中，储层中的砂粒随着流体从油气层中一同运移出来的现象。同时由于弱固结或未固结砂岩油层岩石的胶结性差，强度低，这类油层的出砂现象更加严重，在比较低的井底压力下，发生拉伸破坏或剪切破坏而出砂，给油气开采带来很大麻烦。

疏松砂岩气层出砂主要有三种形式。

第一种是渗流砂。这种砂在地层中是漂浮着的微粒状态，这是由于岩石里面颗粒没有固结或固结弱，易于流动，这部分微粒的运移在气藏开发过程中不可避免。渗流砂分布范围比较广，小于 150 μm 的颗粒均可以成为渗流砂，微粒集中分布在 10～35 μm。

第二种是弱胶结附着的颗粒。这种出砂方式主要是因为这类颗粒绝大部分是填隙物，比如胶结物和杂基等；而后是弱胶结的骨架颗粒，这种颗粒一般会使地层产生速敏损害。为防止这种颗粒对储层产生损害和出砂，可以用控制气层的产量的方式。

第三种是骨架颗粒破坏型出砂。这种类型出砂的原因主要是在施工时外来压力引起的应力应变，使得地层变形及滑动，让岩石成为（或部分成为）散砂，引起地层出砂甚至井壁不稳定。对骨架颗粒破坏型出砂预防的原则是自始至终都不要破坏地层骨架。

涩北气田地层新，埋藏浅，胶结疏松，颗粒细，开发中可能产生各种形式的出砂，为了观测研究不同的出砂形式、出砂机理及其影响因素，利用岩心样品，在室内开展了大量出砂物理模拟实验，包括干样、湿样气驱、气水两相驱和岩石力学实验分析等（表 4-4-1）。

表 4-4-1 出砂实验分析项目及样品量

项目	样品数
干燥岩样气驱出砂实验（无孔 + 有孔）	18+12
覆压气驱出砂实验	16
模拟水浸气驱出砂实验	15
气水两相流动出砂实验	21
单相水流动出砂实验	10
岩石力学实验分析	18

一、干燥岩样气驱出砂实验分析

干燥岩样气驱出砂实验针对两种岩样进行，一种是规则的直径为 38 mm 的岩样，代表气层内部情况；另一种是直径为 38 mm 的岩样，但在其出口端中心按比例钻一个小孔（孔隙半径为 1.5 mm；孔深为 16.6~20.7 mm，约占岩样长度的 30%），用于模拟井筒周围储层射孔孔眼附近的情况。实验时将岩样装入岩心夹持器，在保持一定净上覆压力（围压）不变的条件下，岩心进口端的气驱压力由小到大，压差从 0.05 MPa 逐渐增大，最大达到 5.0 MPa，每一压力点驱替一定时间后，返回初始压力点（0.05 MPa）测相应驱替压力后的渗透率。实验驱替压力梯度大多在 0.7~0.9 MPa/cm，最大达 1.4 MPa/cm；相应的气体流量从低到高，最大单位截面气流量达 0.13~2.98 L/（min·cm^2）。实验过程中观察不同压力梯度与流量条件下的岩心出砂情况，并计算渗透率的变化特征。

实验分析无孔岩样 18 块，有孔岩样 12 块，干样无孔气驱出砂实验和干样有孔气驱出砂实验特征参数见表 4-4-2 和表 4-4-3，干样无孔气驱出砂实验渗透率变化如图 4-4-1 至图 4-4-18 所示。可以在出口端发现驱出砂的各占一半，但出砂量均不大，岩样前后的质量变化率为 0.09%~0.66%，平均为 0.23%。驱出的砂以微细粉尘为主，即岩石内可动的渗流砂。

表 4-4-2 干样无孔气驱出砂数据表

序号	样号	井深/m	岩性	孔隙度/%	渗透率/mD	驱替压差/MPa	最大流量/L/min	累计驱替时间/min	渗透率损失率/%	实验前后质量变化率/%	临界出砂压力梯度/MPa/m	出砂观测
1	4 1/2-1-2	529.39	浅灰色泥质粉砂岩	40.4	104	0.02~5.00	19.98	1170	34.2	0.36	6.94	出砂少量
2	10 1/2-2-3	544.61	灰色泥质粉砂岩	24.0	2.32	0.05~5.00	11.77	580	21.1	0.12	3.74	出砂少量
3	13 1/2-2-3-10	554.67	浅黄色粉砂岩	38.6	193	0.05~2.50	16.35	560	−70.1	0.35	0.97	出砂较多
4	18 1/2-2-2-1	570.43	深灰色砂质泥岩	36.1	33.5	0.05~5.00	29.75	605	22.0	0.20	1.70	出砂少量
5	20 1/2-2-2	811.06	灰黑色砂质泥岩	35.3	29.2	0.05~5.00	21.33	750	12.9	0.18	3.85	出砂微量
6	23 2/3-2-2	821.65	灰色泥质粉砂岩	36.8	8.79	0.05~5.00	5.42	610	32.0	0.13	8.08	未见出砂
7	23 2/3-3-1	822.62	深灰色泥质粉砂岩	35.9	9.56	0.20~5.00	7.05	1920	24.6	0.13	—	未见出砂
8	23 2/3-3-1	823.44	黄褐色含泥粉砂岩	33.9	61.2	0.05~1.00	17.42	550	1.3	0.32	1.15	出砂微量
9	27 1/2-1-7	834.96	灰色泥质粉砂岩	35.6	21.7	0.05~5.00	26.79	1000	3.2	0.25	0.87	出砂少量
10	28 1/2-2-12	838.97	深灰色粉砂岩	33.6	7.62	0.05~5.00	31.14	980	27.0	0.25	—	未见出砂
11	30 1/2-3-13	1 072.81	深灰色粉砂岩	28.7	2.89	0.05~5.00	3.57	575	20.0	0.21	—	未见出砂
12	30 1/2-4-5	1 073.28	深灰色泥岩	36.5	11.3	0.05~5.00	3.61	670	17.8	0.24	—	未见出砂
13	31 1/2-2-5-3	1 082.21	灰色泥质粉砂岩	32.3	3.42	0.05~5.00	14.55	710	9.5	0.24	4.26	出砂少量
14	32 1/2-1-4-2	1 089.08	灰色泥质粉砂岩	25.4	2.16	0.05~5.00	7.39	760	20.8	0.15	—	未见出砂
15	34 1/2-2-6-10	1 322.48	灰黑色粉砂质泥岩	27.1	13.7	0.05~5.00	1.42	760	40.9	0.22	—	未见出砂
16	34 1/2-2-7-1	1 323.06	深灰色泥质粉砂岩	31.1	3.06	0.05~5.00	10.47	640	25.1	0.12	—	未见出砂
17	36 1-6	1 332.31	浅黄色粉砂质泥岩	28.5	10.5	0.05~5.00	7.09	620	18.0	0.21	1.97	出砂少量
18	36 2-1	1 332.97	灰色含泥粉砂岩	27.2		0.05~5.00	21.48	620	5.9	0.10	—	未见出砂

表 4-4-3 干样有孔气驱出砂数据表

序号	样号	井深/m	岩性	孔隙度/%	渗透率/mD	孔深/cm	孔隙半径/cm	驱替压差/MPa	最大流量/L/min	累计驱替时间/min	渗透率损失率/%	实验前后质量变化率/%	临界出砂压差/MPa/m	出砂观测
1	1 1/2-3-12	522.32	灰色泥质粉砂岩	40.5	114.00	1.85	0.15	0.05~1.00	20.00	630	9.74	0.66	4.06	出砂较多
2	4 1/2-1-5	529.78	浅灰色泥质粉砂岩	42.4	20.30	1.98	0.15	0.05~5.00	17.75	615	-41.70	0.47	11.37	出砂较多
3	13 1/2-3-11A	554.71	浅黄色含泥粉砂岩	38.4	148.00	2.02	0.15	0.05~2.50	26.88	540	25.16	0.31	1.48	出砂较多
4	18 1/2-2-2	570.47	深灰色砂质泥岩	37.6	37.90	1.74	0.15	0.05~2.50	10.84	525	6.28	0.10	17.26	出砂少量
5	23 2/3-2-3	821.70	灰色泥质粉砂岩	37.1	12.70	2.07	0.15	0.05~5.00	9.76	610	48.75	0.15	—	未见出砂
6	23 2/3-3-1	822.62	深灰色泥岩	35.9	9.56	1.82	0.15	0.05~5.00	19.31	690	47.53	0.28	—	未见出砂
7	30 1/2-4-6	1 073.33	深灰色粉砂岩	33.4	35.90	1.66	0.15	0.05~5.00	17.96	595	4.44	0.16	1.81	未见出砂
8	31 1/2-1-4-6	1 081.95	灰色泥质粉砂岩	31.4	16.60	1.85	0.15	0.05~5.00	11.80	575	19.35	0.29	8.11	未见出砂
9	32 1/2-1-4-3	1 089.12	灰色泥质粉砂岩	26.1	2.99	1.67	0.15	0.05~5.00	4.37	685	27.41	0.21	—	未见出砂
10	34 1/2-2-7-3	1 323.21	灰色粉砂质泥岩	28.3	6.60	1.69	0.15	0.05~5.00	7.62	610	4.60	0.16	—	未见出砂
11	36 1-7	1 332.35	浅黄色泥质粉砂岩	29.3	6.68	1.72	0.15	0.05~5.00	4.33	830	9.73	0.14	17.40	出砂少量
12	36 2-2	1 333.07	灰色含泥粉砂岩	27.1	26.80	2.06	0.15	0.05~5.00	15.85	660	61.61	0.09	3.64	出砂少量

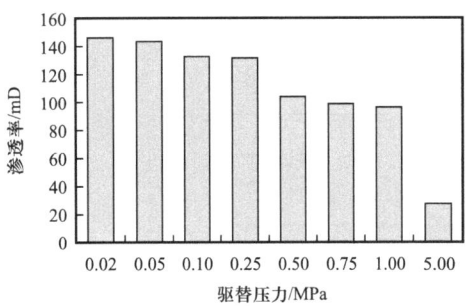

图 4-4-1 渗透率变化（4 1/2-1-2）

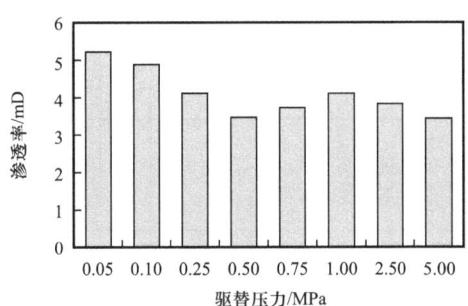

图 4-4-2 渗透率变化（10 1/2-2-3）

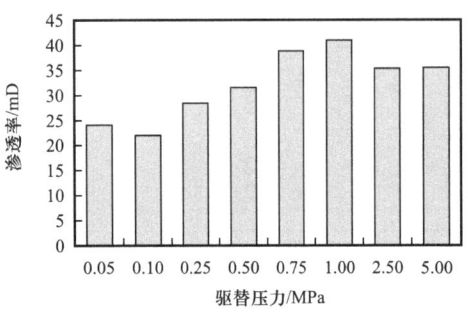

图 4-4-3 渗透率变化（13 1/2-3-10）

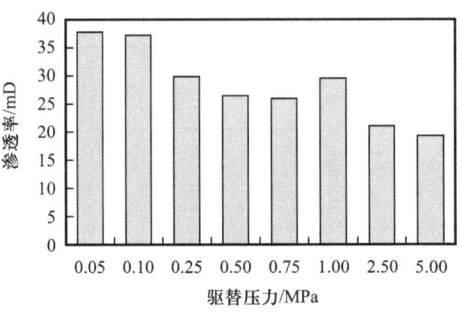

图 4-4-4 渗透率变化（18 1/2-2-1）

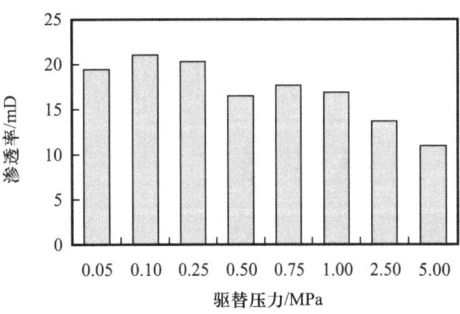

图 4-4-5 渗透率变化（20 1/2-2-2）

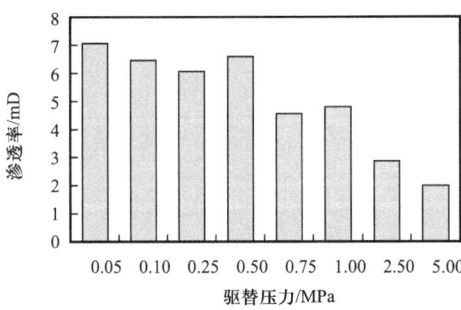

图 4-4-6 渗透率变化（23 2/3-2-2）

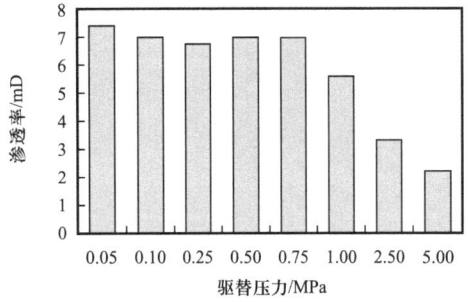

图 4-4-7 渗透率变化（23 2/3-3-1）

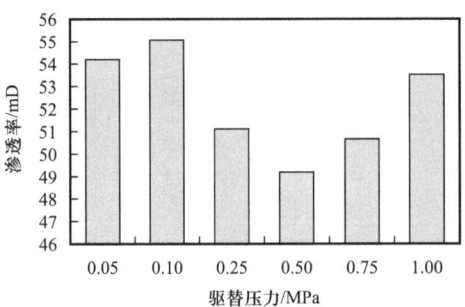

图 4-4-8 渗透率变化（23 2/3-3-13）

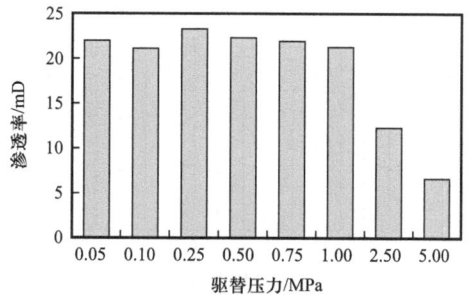

图 4-4-9 渗透率变化（27 1/2-1-7）

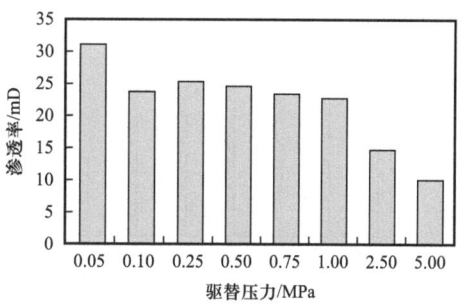

图 4-4-10 渗透率变化（28 1/2-2-12）

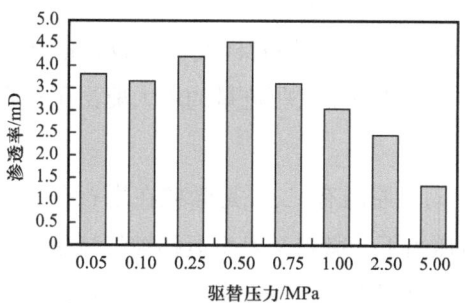

图 4-4-11 渗透率变化（30 1/2-3-13）

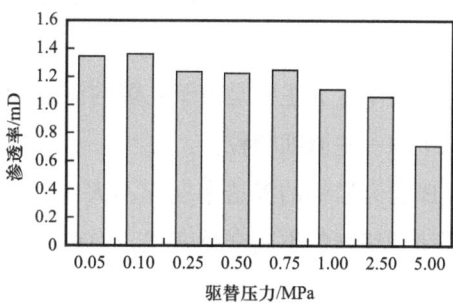

图 4-4-12 渗透率变化（30 1/2-4-5）

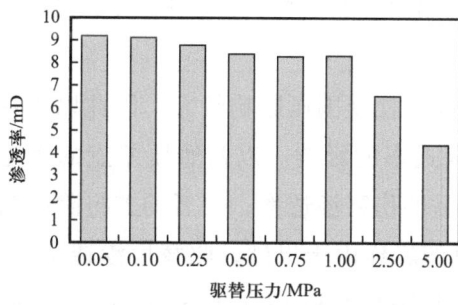

图 4-4-13 渗透率变化（31 1/2-2-5-3）

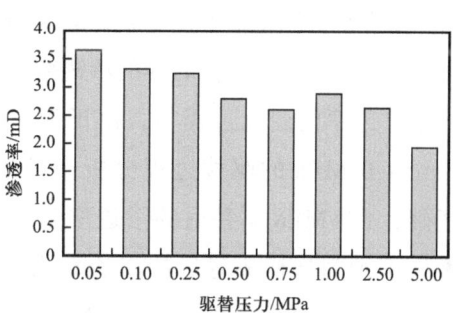

图 4-4-14 渗透率变化（32 1/2-1-4-2）

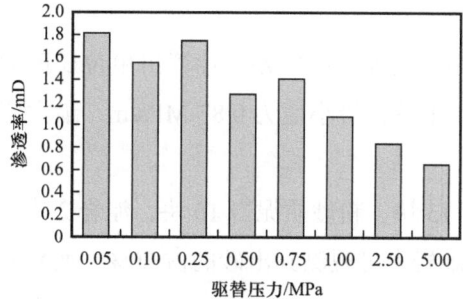

图 4-4-15 渗透率变化（34 1/2-2-6-10）

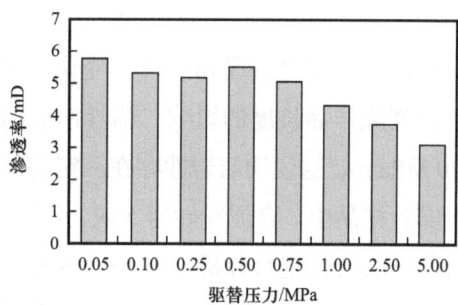

图 4-4-16 渗透率变化（34 1/2-2-7-1）

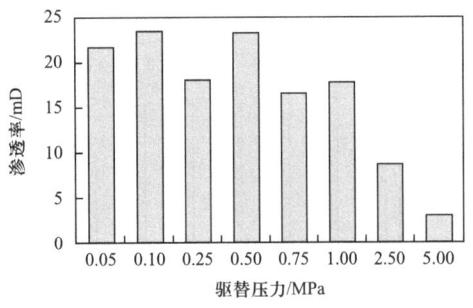

图 4-4-17　渗透率变化（36 1-6）

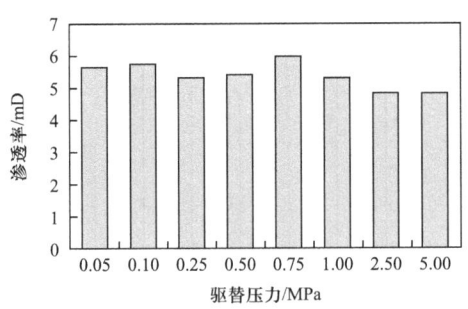

图 4-4-18　渗透率变化（36 2-1）

岩样的渗透率变化在驱替过程中比较复杂，可以分为三类情况。

A 类为岩样的渗透率随着驱替压差的增加缓慢增大。这种岩样反映了较好的孔隙结构，渗透率变大主要是由于孔隙的流通能力改善，这是由于气驱流量的增大驱出了存在于孔隙中的一些微细颗粒。

B 类为岩样的渗透率变化不大或产生升降波动。原因有二，一是微粒在岩石孔隙中发生解堵和堵塞的不断交替变化，但在另一些驱替压力下，微粒又发生运移被气流带出，从而使渗透率又增大。另一个原因也许是因为在驱替过程中几乎没有微粒运移，所以渗透率几乎无变化。

C 类为驱替压差增大使得岩样的渗透率变小。说明这种岩样的孔隙比较小，微粒发生运移堵塞孔隙，气驱后使岩样的渗透率减小。

在渗透率的变化过程中，由于涩北气田岩样疏松受围压影响较大，因此以驱替压差小于 1.0 MPa 的驱替过程分析微粒运移对渗透率的影响。以初始压差点的渗透率为基础，1.0 MPa 驱替后的渗透率为微粒运移后的伤害渗透率，二者的差再除以初始点渗透率则为岩样驱替后的渗透率损失率。有的岩样由于出砂，驱替后渗透率增大，则渗透率损失率为负值，这类岩样有两块（4 1/2-1-5 和 13 1/2-3-10），渗透率损失率小于 10% 的占 30%，大于 40% 的占 13%，渗透率损失率在 10%～40% 的约占 50%。

根据出砂观测情况和渗透率变化，确定岩样的临界出砂压差，计算出单位长度的压差可以消除样品长度的影响。临界出砂压差大小不等，最小值为 0.87 MPa/m，最大值为 17.40 MPa/m，这说明与岩性存在一定的关系。

实验样品中，含泥粉砂岩 5 块，泥质粉砂岩 13 块，粉砂质泥岩 10 块，泥岩 2 块，重点对前三类岩性进行分析（表 4-4-4），含泥粉砂岩中可观测到出砂的占 80%，而粉砂质泥岩中只有 30% 可见出砂；含泥粉砂岩的临界出砂压差低（0.97～3.64 MPa/m），平均为 1.81 MPa/m），因此含泥较少的粉砂岩比粉砂质泥岩容易出砂。分析原因为泥质含量少的粉砂岩孔隙较大，粒间孔发育，而黏附于颗粒表面的微细颗粒容易被气流带动在连通的大孔隙中运移（图4-4-19）。泥质岩出砂情况较为复杂，微细颗粒较多，孔隙大小分选较差的高渗透性砂质泥岩则较易出砂。

表 4-4-4　不同岩类出砂实验参数统计

岩类	样品数/块	渗透率/mD		观测到出砂的样品比例/%	临界出砂压差/MPa/m		渗透率损失率/%		实验前后岩样质量变化率/%	
		范围	平均		范围	平均	范围	平均	范围	平均
含泥粉砂岩	5	10.5～193	87.9	80.0	0.97～3.64	1.81	1.29～61.6	23.5	0.09～0.35	0.23
泥质粉砂岩	13	2.32～114	25.0	61.5	0.87～17.40	6.68	3.18～48.8	21.1	0.12～0.66	0.26
粉砂质泥岩	10	2.16～37.9	17.2	30.0	1.70～17.26	7.60	4.60～47.5	23.1	0.10～0.28	0.19

(a) 13 1/2-2-4 (553.25 m)

(b) 36 2-10 (1 333.60 m)

图 4-4-19　微细颗粒容易在大孔隙中运移

根据颗粒直径（$d_{颗}$）与孔隙直径（$d_{孔}$）之间的比例关系，可以观察到以下现象：当 $d_{孔}<3d_{颗}$ 时，颗粒在岩石表面发生堵塞，无法进入岩石的孔隙内部；如果 $3d_{颗}<d_{孔}<10d_{颗}$，颗粒容易堵塞孔隙，在孔隙内运移在喉道部位形成了桥塞；当 $d_{孔}>10d_{颗}$ 时，颗粒可以在孔隙内自由流动。据此，对岩样的粒度分布和孔隙大小分布进行分析，颗粒较粗的粉砂岩类存在着 $d_{孔}>10d_{颗}$ 的匹配关系（图4-4-20），所以容易产生微粒运移；颗粒细的泥质岩类不存在 $d_{孔}>10d_{颗}$ 的匹配关系，主要为 $3d_{颗}<d_{孔}<10d_{颗}$ 的配置关系（图4-4-21），因而容易发生孔隙堵塞使渗透率下降。

统计分析了出砂比较明显的粉砂岩类，得出临界出砂压差以及实验前后岩样的质量变化率均与渗透率有一定相关性的结论，临界出砂压差随着渗透率增加而减小

（图4-4-22），岩样的质量变化率却随渗透率增加而增加（图4-4-23），这也表明在粉砂岩中，孔隙越大，渗透性越好，越易出砂。

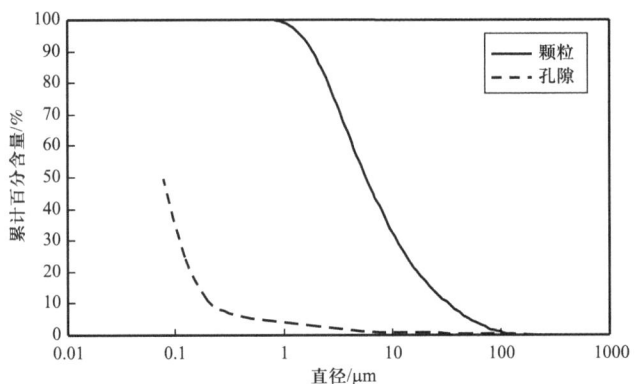

图4-4-20　粒度分布和孔隙大小分布曲线（砂岩类）

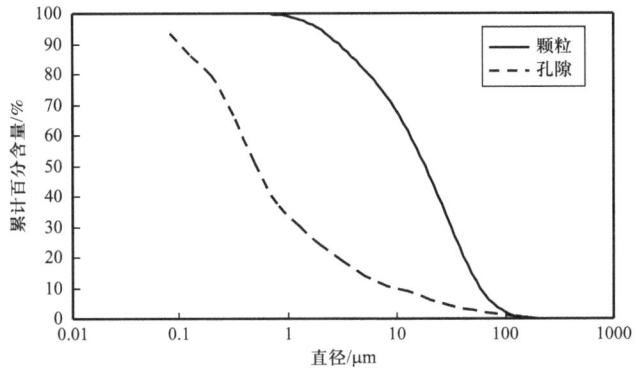

图4-4-21　粒度分布和孔隙大小分布曲线（泥岩类）

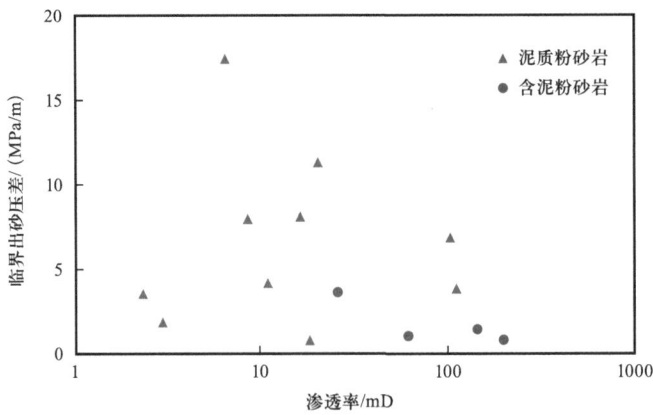

图4-4-22　临界出砂压差与渗透率的关系

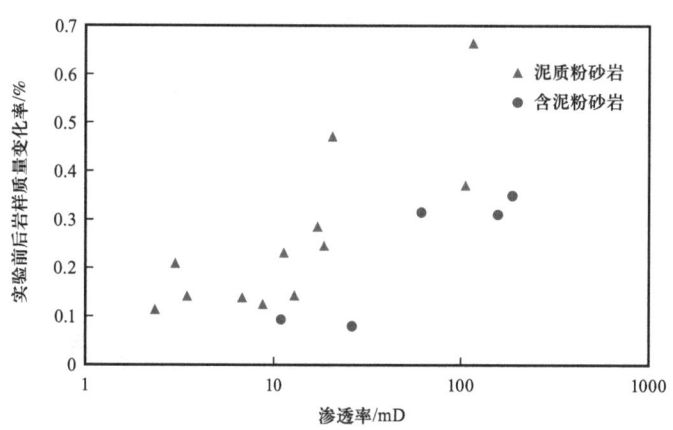

图 4-4-23 实验前后岩样质量变化率与渗透率的关系

二、覆压气驱出砂实验分析

考虑气藏开发过程中,有效上覆压力增大,地层岩石将发生相应变化,这种变化是否引起岩石易出砂可通过室内岩心实验进行分析。实验中保持驱替压力不变,通过改变围压的方式模拟有效上覆压力的变化情况。

该项实验分析 16 块岩样,实验参数及结果见表 4-4-5,气驱压力大多为 0.5～1.0 MPa,围压(有效上覆压力)为 2.0～10.0 MPa,驱替时间较长,尤其是在最后一个压力点驱替时间大多在 12 h 以上。覆砂气驱后渗透率变化情况如图 4-4-24 至图 4-4-39 所示。实验中观察到的出砂现象不明显,只有 3 块岩样见微量出砂,其他岩样均未观测到出砂,实验后岩样的质量变化也不大,其变化率均小于 0.1%,平均只有 0.069%。渗透率的变化与覆压渗透率具有相似的变化规律,即随着围压的增大渗透率降低(图 4-4-38),即使在最后一个压力点长时间气驱,也未见到出砂现象,只是渗透率略有降低(图 4-4-24)。

三、模拟水浸气驱出砂实验分析

该项实验是为了模拟工程施工过程中,外来液体侵入井筒附近储层的过程以及开井后的返排过程。实验流程如图 4-4-40 所示,将干燥岩样装入岩心夹持器后,关闭进口阀,在出口端施加 1 MPa 恒压水源,模拟施工液体对储层的浸泡过程(保持 60 min),然后拆掉水源,打开进口阀进行恒压气驱,驱替一段时间后再提高驱替压差,观测出水、出砂及流量变化情况。该项实验分析 15 块岩样,实验参数及结果见表 4-4-6,如图 4-4-41 至图 4-4-55 所示。

表 4-4-5 覆压气驱实验数据表

序号	样号	井深/m	岩性	孔隙度/%	渗透率/mD	气驱压力/MPa	围压范围/MPa	累计驱替时间/min	实验前后质量变化率/%	出砂观测
1	4 1/2-1-6	529.82	浅灰色泥质粉砂岩	41.3	50.00	0.1	2.5~8.5	620	0.043	未见出砂
2	10 1/2-2-6	544.82	灰色泥质粉砂岩	32.3	1.49	0.5	2.0~8.0	360	0.073	未见出砂
3	13 1/2-2-3-11B	554.71	浅黄色含泥粉砂岩	38.6	132.00	0.1	2.5~8.5	1420	—	微量出砂
4	18 1/2-2-7	570.67	深灰色砂泥岩	37.7	36.70	0.2	2.5~7.5	1400	0.061	未见出砂
5	20 1/2-2-4	811.16	灰黑色砂质泥岩	36.6	12.00	1.0	3.5~8.5	1450	0.071	未见出砂
6	23 2/3-2-5	821.81	灰色泥质粉砂岩	36.8	5.75	0.5	2.5~8.5	1430	0.080	未见出砂
7	27 1/2-1-8	835.02	灰色泥质粉砂岩	34.2	12.50	1.0	3.5~8.5	1400	0.078	未见出砂
8	30 1/2-2-3-9	1 072.51	浅灰色泥质粉砂岩	30.1	79.40	1.0	3.5~7.5	690	0.066	未见出砂
9	30 1/2-4-2	1 073.09	深灰色泥岩	31.0	1.94	1.5	4.0~9.0	1400	0.088	未见出砂
10	31 1/2-2-5-4	1 082.24	灰色泥质粉砂岩	33.7	3.62	1.0	3.5~8.5	1398	0.060	未见出砂
11	31 1/2-2-7-7	1 084.55	浅黄色含泥粉砂岩	31.0	53.80	0.5	3.0~8.0	4290	0.057	未见出砂
12	32 1/2-1-1-3	1 086.85	浅灰色泥质粉砂岩	25.6	6.79	1.0	3.5~8.5	480	0.072	未见出砂
13	32 1/2-1-5-6	1 090.78	灰色含泥粉砂岩	23.2	2.26	1.0	3.5~8.5	2140	0.053	未见出砂
14	34 1/2-2-7-6	1 323.36	灰色砂质泥岩	27.8	3.10	1.0~2.0	3.5~7.5	2850	0.078	微量出砂
15	36 1-8	1 332.39	浅黄色泥质粉砂岩	29.3	5.53	1.5~2.0	4.0~7.0	871	0.075	微量出砂
16	36 2-4	1 333.20	灰色含泥粉砂岩	25.3	3.97	1.0~4.0	5.5~10.0	3750	0.055	未见出砂

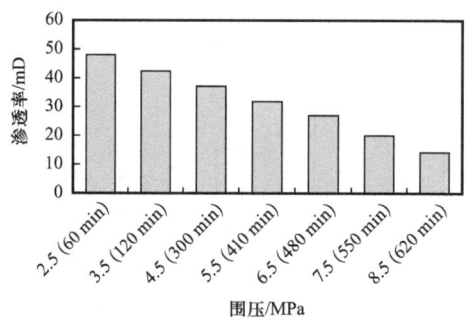
图 4-4-24　覆压气驱渗透率变化（4 1/2-1-6）

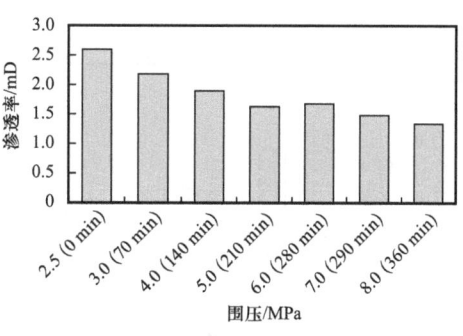
图 4-4-25　覆压气驱渗透率变化（10 1/2-2-6）

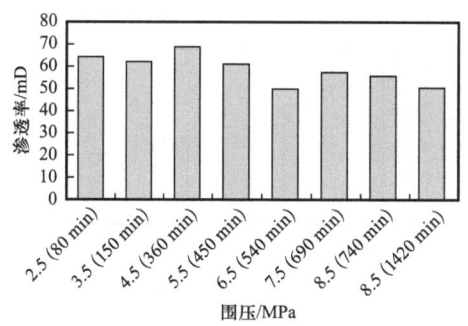
图 4-4-26　覆压气驱渗透率变化（13 1/2-3-11B）

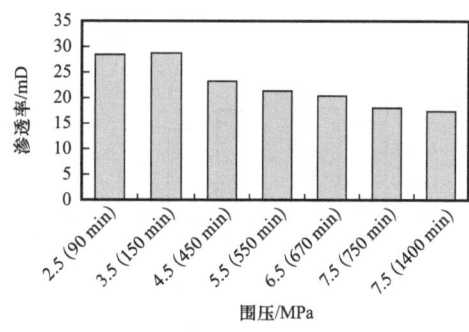
图 4-4-27　覆压气驱渗透率变化（18 1/2-2-7）

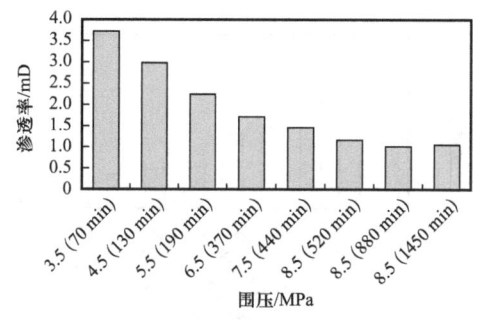
图 4-4-28　覆压气驱渗透率变化（20 1/2-2-4）

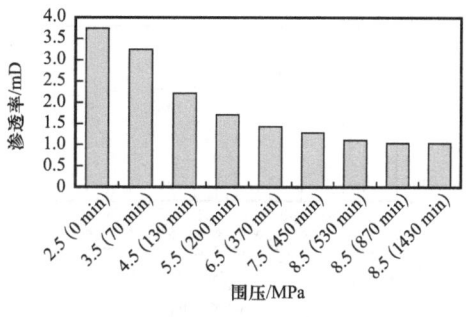
图 4-4-29　覆压气驱渗透率变化（23 2/3-2-5）

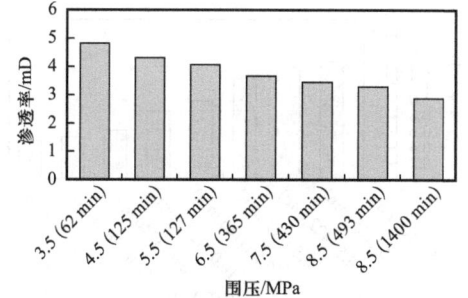
图 4-4-30　覆压气驱渗透率变化（27 1/2-1-8）

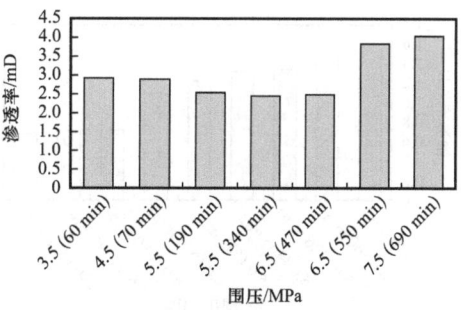
图 4-4-31　覆压气驱渗透率变化（30 1/2-3-9）

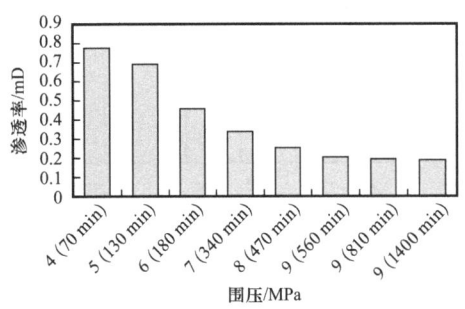
图 4-4-32 覆压气驱渗透率变化（30 1/2-4-2）

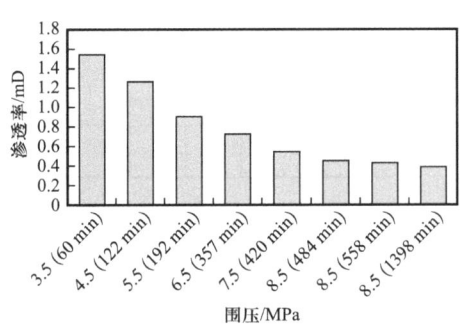
图 4-4-33 覆压气驱渗透率变化（31 1/2-5-4）

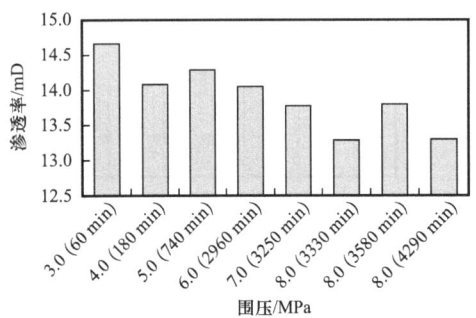
图 4-4-34 覆压气驱渗透率变化（31 1/2-7-7）

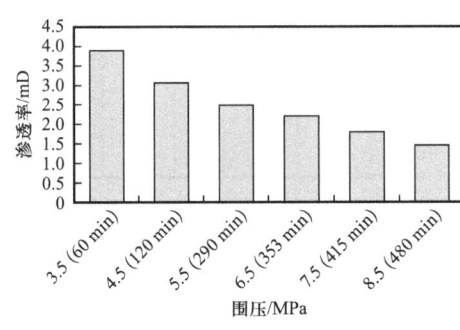
图 4-4-35 覆压气驱渗透率变化（32 1/2-1-1-3）

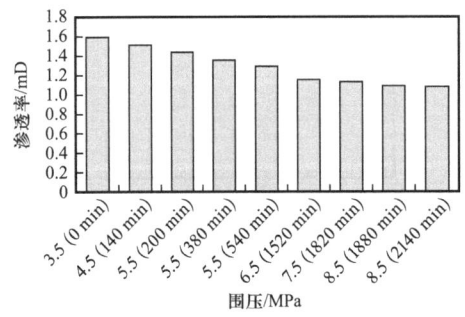
图 4-4-36 覆压气驱渗透率变化（32 1/2-1-5-6）

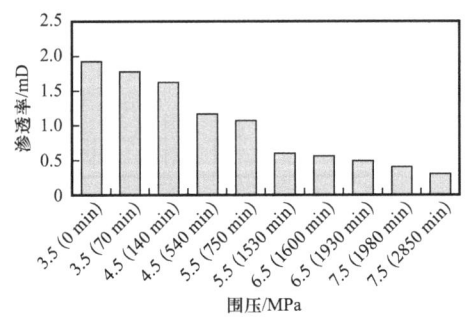
图 4-4-37 覆压气驱渗透率变化（34 1/2-2-7-6）

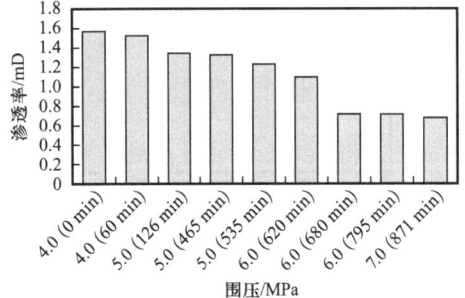
图 4-4-38 覆压气驱渗透率变化（36 1-8）

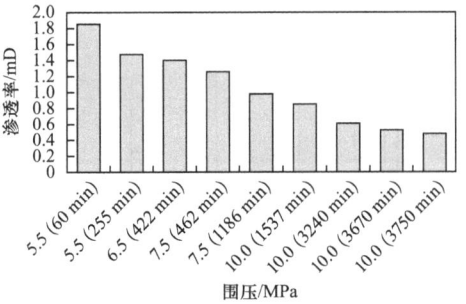
图 4-4-39 覆压气驱渗透率变化（36 2-4）

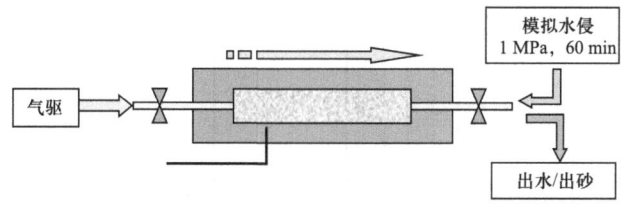

图 4-4-40 模拟水侵气驱出砂实验示意图

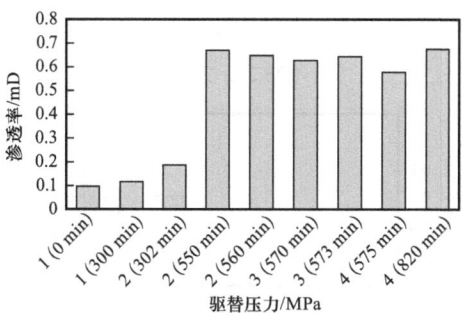

图 4-4-41 模拟水侵气驱渗透率变化
（4 1/2-2-8）

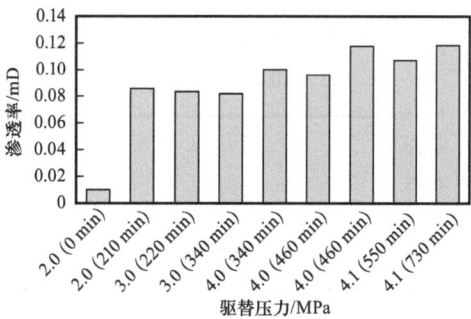

图 4-4-42 模拟水侵气驱渗透率变化
（10 1/2-2-8）

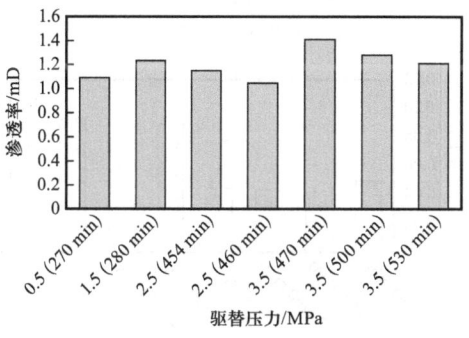

图 4-4-43 模拟水侵气驱渗透率变化
（10 1/2-3-5）

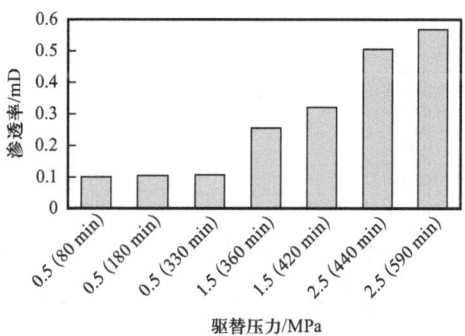

图 4-4-44 模拟水侵气驱渗透率变化
（13 1/2-3-12A）

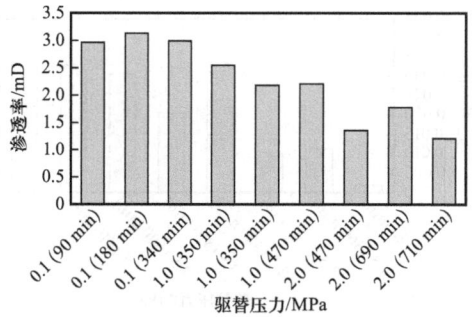

图 4-4-45 模拟水侵气驱渗透率变化
（18 1/2-2-8）

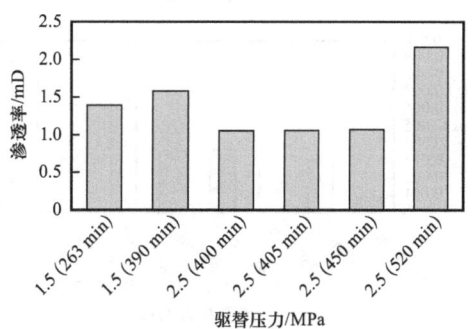

图 4-4-46 模拟水侵气驱渗透率变化
（18 1/2-3-11）

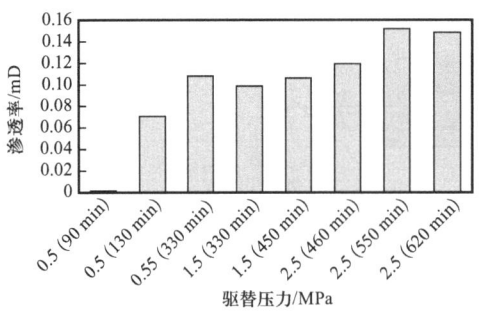

图 4-4-47　模拟水侵气驱渗透率变化
（20 1/2-2-5）

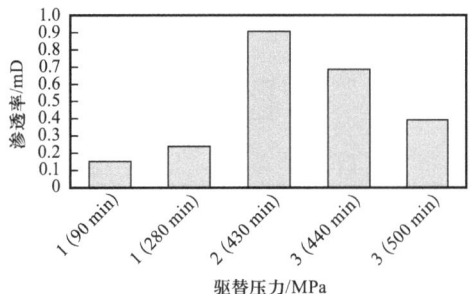

图 4-4-48　模拟水侵气驱渗透率变化
（23 2/3-2-7）

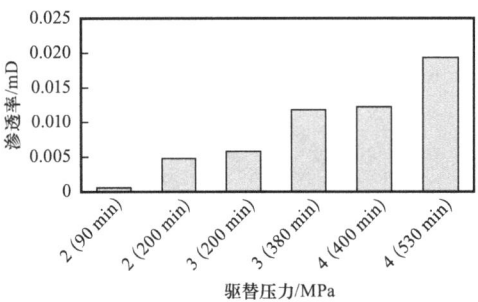

图 4-4-49　模拟水侵气驱渗透率变化
（30 1/2-2-6）

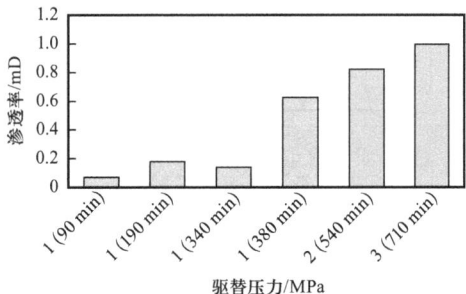

图 4-4-50　模拟水侵气驱渗透率变化
（30 1/2-4-7）

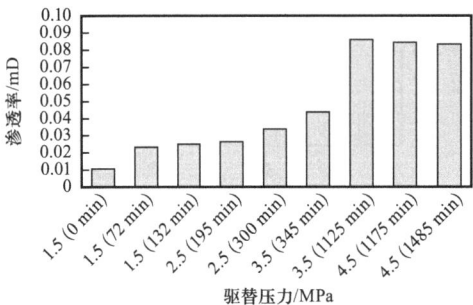

图 4-4-51　模拟水侵气驱渗透率变化
（31 1/2-2-7-2）

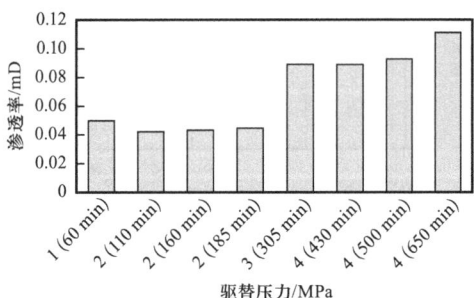

图 4-4-52　模拟水侵气驱渗透率变化
（32 1/2-1-4-4）

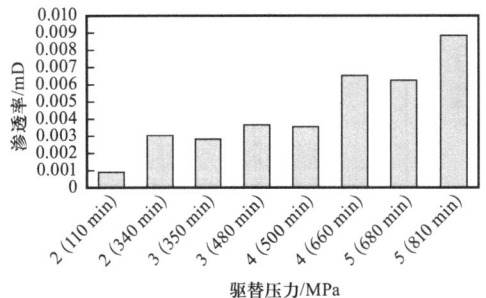

图 4-4-53　模拟水侵气驱渗透率变化
（34 1/2-2-6-16）

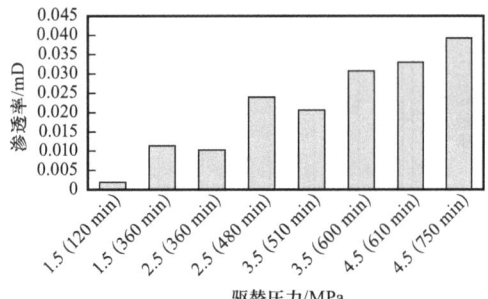

图 4-4-54　模拟水侵气驱渗透率变化
（36 1-11）

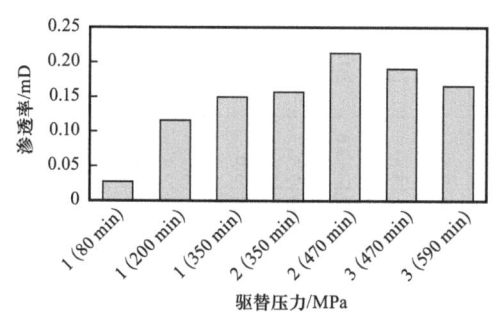

图 4-4-55　模拟水侵气驱渗透率变化（36 2-6）

通过实验分析 15 块岩样得到以下几点认识。

（1）涩北气田岩样吸水速率快，1 MPa 水源模拟浸泡 1 h，岩样的含水饱和度可达到 42.8%～88.7%，平均为 69.6%。

（2）在不同压差驱替时普遍出水、出砂，只有两块岩样未观测到出砂，其余的出砂率为 0.01%～0.93%，平均为 0.34%。在驱替过程中随着出水量的减少，出砂量也减少，最后出砂逐渐停止（出砂率是指驱出砂的质量占岩样原始质量的百分比）。

（3）经过不同压差的气驱（最高压差达 5.0 MPa），岩样的残余水饱和度仍较高，为 30.2%～68.7%，平均为 46.5%。残余水饱和度与侵入水饱和度具有一定的正相关性，即侵入水饱和度高的残余水饱和度也高（图 4-4-56）。

（4）渗透率呈规律变化，岩样中的水随着驱替压差的增加不断被驱出，含气饱和度增加，气相渗透率增加。由于涩北气田储层岩石对水的敏感性，致使最终残余水下的气相渗透率仍不高，只有 0.009～2.16 mD，平均为 0.523 mD，比干岩样的空气渗透率要低得多（图 4-4-57）。

四、气水两相流动出砂实验分析

该实验模拟了地层中存在气水两相流动时的出砂情况，实验采用两种岩样，一种是新鲜岩样，将冷冻钻取的岩心保湿解冻后未经任何处理（其含水饱和度大多在 90% 以上），直接进行气驱实验；另一种岩样是干燥抽空并且完全饱和地层水后，再进行实验。

采用新鲜岩样实验 11 块次，结果见表 4-4-7。气驱过程中，大多样品均出水、出砂，出水量为 0.17～16.54 mL，出砂量为 0～8.355 g，其中有 3 块样因出水少而基本不出砂，其余的出砂率为 0.09%～8.01%，平均为 2.44%。对全部岩样的出砂量和出水量进行相关性分析发现，出水量多的岩样其出砂量也多（图 4-4-58），说明水的流动对出砂影响很大。实验过程中的气驱压力从启动压力逐渐升高，最大压差达 6.0 MPa。刚开始低压（起始压力）气驱时，由于岩样中水多，出水、出砂较多，随着水的驱出，出水出砂的量均逐渐减少，直至无水无砂。

表 4-4-6 模拟水浸气驱出砂实验数据表

序号	样号	井深/m	岩性	孔隙度/%	渗透率/mD	侵入水饱和度/%	残余水饱和度/%	出水量/mL	出砂量/g	出砂率/%	驱替压差/MPa	终点气相渗透率/mD
1	4 1/2-2-8	530.49	灰色砂质泥岩	31.4	7.48	84.1	55.0	5.68	0.22	0.20	1.0-2.0-3.0-4.0	0.68
2	10 1/2-2-8	544.92	灰色泥质粉砂岩	25.4	1.08	80.8	48.8	5.44	0.33	0.27	2.0-3.0-4.0	0.12
3	10 1/2-2-3-5	545.62	灰色泥质粉砂岩	40.4	149.00	72.1	35.2	7.18	0.23	0.31	0.5-1.5-2.5-3.5	1.21
4	13 1/2-2-3-12A	554.75	浅黄色泥色含泥砂岩	36.1	118.00	70.2	45.6	6.73	0.87	0.68	0.5-1.5-2.5	0.57
5	18 1/2-2-8	570.72	深灰色砂岩	38.0	25.60	63.5	59.3	0.99	未见出砂	—	0.1-1.0-2.0	1.21
6	18 1/2-3-11	571.86	深灰色泥质粉砂岩	38.5	50.20	70.8	46.5	6.54	0.01	0.01	0.5-1.5-2.5-3.6	2.16
7	20 1/2-2-5	811.19	灰黑色砂质泥岩	36.1	17.80	61.1	52.4	1.86	0.20	0.19	0.5-1.5-2.5	0.15
8	23 2/3-2-7	821.98	灰色泥质粉砂岩	36.0	33.70	86.3	59.0	6.00	0.80	0.76	1.0-2.0-3.0	0.39
9	30 1/2-2-6	1 071.34	浅灰色泥质粉砂岩	29.7	55.60	44.8	33.1	2.36	0.05	0.04	2.0-3.0-4.0	0.02
10	30 1/2-4-7	1 073.45	深灰色泥岩	30.2	54.70	88.7	68.7	4.06	微量	—	1.0-2.0-3.0	1.00
11	31 1/2-2-7-2	1 084.10	浅黄色含泥粉砂岩	28.5	7.91	60.7	33.2	4.77	0.22	0.19	1.5-2.5-3.5-4.5	0.02
12	32 1/2-1-4-4	1 089.17	灰色泥质粉砂岩	26.4	2.94	42.8	30.4	2.30	未见出砂	—	1.0-2.0-3.0-4.0	0.11
13	34 1/2-2-6-16	1 322.72	灰黑色粉砂质泥岩	27.3	3.68	46.5	30.2	2.98	0.25	0.20	2.0-3.0-4.0-5.0	0.01
14	36 1-11	1 332.52	浅黄色泥质粉砂岩	32.4	13.40	84.3	49.8	6.24	0.90	0.93	1.5-2.5-3.5-4.5	0.04
15	36 2-6	1 333.27	灰色含泥粉砂岩	27.1	16.20	87.4	50.5	7.16	0.36	0.27	1.0-2.0-3.0	0.17

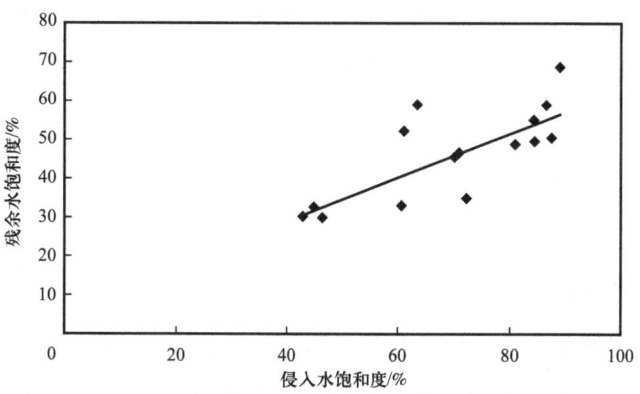

图 4-4-56 残余水饱和度与侵入水饱和度的关系

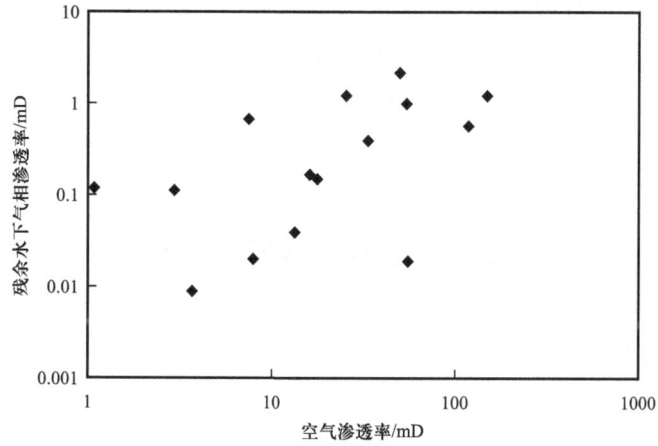

图 4-4-57 残余水下的气相渗透率与空气渗透率

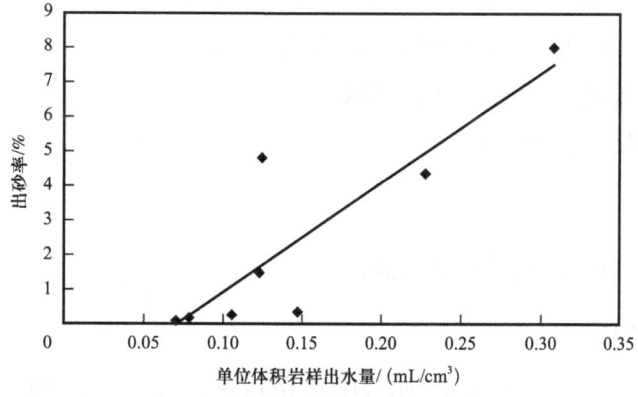

图 4-4-58 出砂量与出水量的关系

采用饱和水岩样实验10块次，与新鲜岩样具有同样的出砂规律，出砂量为 0.209～7.045 g，出砂率为 0.17%～5.41%，平均为 1.81%。

上述两项实验说明，若岩石中含水较多，气驱时形成了水的流动，则容易引起出砂，但随着水的流出，基本不产水或出水很少时，岩石中形成一定的气流通道后，即使增大气驱压差和气体流量，基本也不再出砂。这一结论对气田生产具有重大的意义，即气井投产初期，可能会因为侵入的施工液体排出而带出一些泥沙，但随着气体将井筒附近地层的液体排出，形成通道后，出砂就会减弱或停止。

五、单相水流动出砂实验分析

上述几项实验是采用气驱不同类型岩样观测出砂，本项实验是对极端的单相水流动情况进行模拟实验，分析单相水流动的出砂状况，表4-4-8中给出了水驱出砂的实验结果，可以看出出砂量和出砂率都较高，出砂率达2.13%～32.27%，平均为13.04%。实际上水驱出砂是持续不停的，直到因岩样严重亏损导致实验停止。泥岩出砂更严重，在实验中，砂是持续随水流出的，水的流量越大，出砂越严重。实验后从岩心夹持器中拆出的岩心，其出口端明显残缺，说明岩心出口端出砂较多。

第五节　应力敏感性实验分析

一、气测应力敏感实验分析

1. 测试步骤

（1）将目标岩心放入岩心夹持器。

（2）设置围压，初始为2 MPa。

（3）设置入口端压力为101.3 kPa，出口端为1.2 kPa。

（4）渗透率值稳定后，记录测试点数据。

（5）依次增加围压至30 MPa。

2. 测试数据

一共进行了17样次的气测压敏实验。

3. 测试数据分析

测试的基准条件为围压2 MPa、驱替压差100 kPa，用于测试的17块岩样中最小气测渗透率为0.84 mD，最大气测渗透率为34.87 mD，基本覆盖了涩北气田储层的渗透率范围，测试对象具有较好的代表性。

表 4-4-7 新鲜岩样气驱出砂实验数据表

序号	样号	井深/m	岩性	出水量/mL	出砂量/g	出砂率/%	驱替压差/MPa	对比样孔隙度/%	对比样渗透率/mD
1	4 1/2-2-2	530.17	灰色泥质粉砂岩	4.63	0.188	0.25	1.0~5.0	30.2~30.3	8.70~25.60
2	10 1/2-2-10	545.05	灰色泥质粉砂岩	8.95	0.391	0.37	0.5~4.0	29.3~33.6	1.80~3.30
3	18 1/2-2-17	571.38	深灰色泥质粉砂岩	14.73	4.745	4.37	1.0~4.0	38.5~43.0	104.00~332.00
4	20 1/2-2-8	811.35	灰黑色砂质泥岩	16.54	8.355	8.01	4.0~6.0	34.1~36.6	10.00~13.20
5	23 2/3-2-11	822.30	灰色泥质粉砂岩	8.48	1.709	1.48	3.0~6.0	34.2~35.5	0.95~8.40
6	30 1/2-4-12	1 073.74	深灰色泥质粉砂岩	1.67	微量	—	1.0~5.0	26.2~30.9	4.30~19.80
7	32 1/2-1-4-7	1 089.35	灰色泥质粉砂岩	1.15	0	0	2.0~5.0	28.7~29.0	1.40~2.20
8	32 1/2-2-9-2	1 093.74	浅灰色含泥质粉砂岩	0.17	0	0	1.0~4.0	29.1~30.3	4.10~4.40
9	34 1/2-2-6-13	1 322.62	灰黑色粉砂质泥岩	5.44	0.200	0.16	1.5~5.0	27.4~32.1	5.60~45.00
10	36 1-13	1 332.60	浅黄色粉砂质泥岩	8.40	5.552	4.81	1.5~5.0	31.1~34.9	10.30~60.00
11	36 3-4	1 334.19	灰褐色泥质粉砂岩	4.91	0.129	0.09	3.0~5.0	26.6~27.2	7.10~9.00

注：对比样孔隙度和渗透率是指邻近深度干样的孔隙度和空气渗透率。

表 4-4-8 单相水驱出砂实验数据表

序号	样品号	井深/m	岩性	孔隙度/%	渗透率/mD	水单相渗透率/mD	驱替压差/MPa	驱替流量/mL/min	出砂量/g	出砂率/%
1	1 1/2-3-3	521.70	灰色含泥粉砂岩	33.6	19.700	0.048 0	2.00	0.1	4.598	5.15
2	1 1/2-3-10	522.17	灰色泥质粉砂岩	31.2	0.996	0.023 0	4.64	0.1	8.764	9.71
3	10 1/2-3-2A	545.54	灰色泥质粉砂岩	31.0	11.300	0.044 0	2.65	0.1	30.043	32.27
4	10 1/2-3-3	545.56	灰色泥质粉砂岩	40.0	61.200	0.210 0	0.64	0.1	15.361	16.41
5	18 1/2-3-7	571.73	深灰色泥质粉砂岩	38.5	87.200	0.305 0	0.40	0.1	3.802	3.33
6	18 1/2-3-10	571.83	深灰色泥质粉砂岩	43.1	113.000	5.110 0	0.02	0.1	15.488	15.03
7	23 2/3-3-4	822.75	浅灰色泥质粉砂岩	38.1	12.700	0.081 0	1.25	0.1	10.497	11.04
8	30 1/2-3-4	1 072.22	浅灰色泥质粉砂岩	30.0	4.840	0.018 0	8.00	0.1	40.763	29.83
9	30 1/2-3-6	1 072.33	灰色泥质粉砂岩	30.1	7.690	0.006 7	14.00	0.1	2.293	2.13
10	34 1/2-2-6-4	1 322.19	灰黑色粉砂质泥岩	30.1	21.100	0.005 0	18.00	0.1	5.833	5.54

涩北气田的地层原始平均压力范围为 10～14 MPa，在气田开采晚期，地层废弃压力为 2 MPa 左右，因此有效应力的最大变化范围为 8～12 MPa，地层压力在气田的主要开采阶段下降范围为 3～5 MPa，压力敏感测试中的最大有效应力高达 30 MPa，此次实验选取的压力范围有较好的代表性。

对比分析实验测试数据可以发现，涩北气田储层的气测渗透率应力敏感情况十分明显，在有效应力分别为 3 MPa、4 MPa 和 5 MPa 时，测试渗透率的下降比例分别为 37.2%、60.2% 和 75%（表 4-5-1 和图 4-5-1）。

表 4-5-1 不同围压时渗透率降幅对比表

序号	气测渗透率 /mD	不同围压渗透率降幅 /%		
		3.0 MPa	4.0 MPa	5.0 MPa
1	1.14	41.98	60.27	69.48
2	3.91	43.38	64.95	76.86
3	5.60	41.11	64.21	82.54
4	0.84	38.80	60.80	70.82
5	13.61	37.46	60.90	76.49
6	1.19	39.21	63.45	76.27
7	10.22	30.56	54.44	67.61
8	9.07	56.09	63.37	80.38
9	7.03	36.68	71.74	83.66
10	13.08	31.57	64.01	81.40
11	2.57	55.48	73.70	81.90
12	8.58	35.07	64.63	84.07
13	34.87	10.28	34.76	58.56
14	3.53	22.39	60.74	73.22
15	4.80	31.89	65.63	77.25
16	1.16	47.48	59.10	67.68
17	18.93	34.72	53.52	67.03

产生应力敏感现象的原因是孔隙结构因多孔介质骨架受应力的挤压、剪切而产生变形、破坏，最终使得渗流通道逐渐减小至消失。孔隙骨架结构、胶结类型等影响储层应力敏感的程度。通常情况下，渗透率越低的多孔介质，孔喉尺寸的变形将很容易引起多孔介质内微观连通性的改变，应力敏感的程度更高；相反，同样的应力和介质变形所引起的渗透率降低幅度在孔喉尺寸越大、储层渗透率越高的情形下越小（图 4-5-2）。

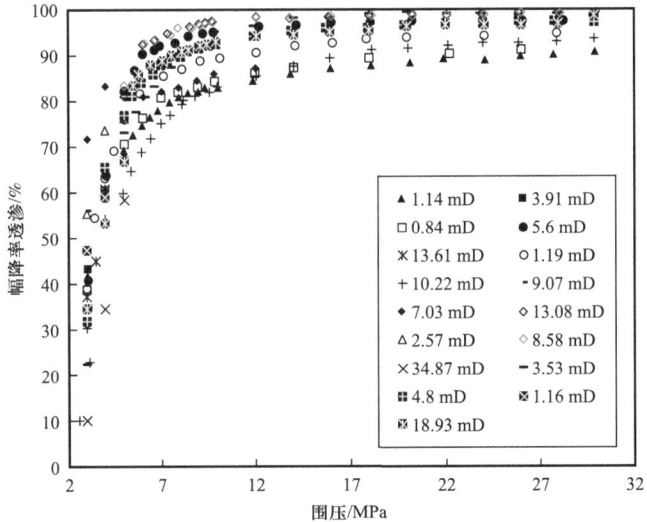

图 4-5-1 气测压敏实验测试数据

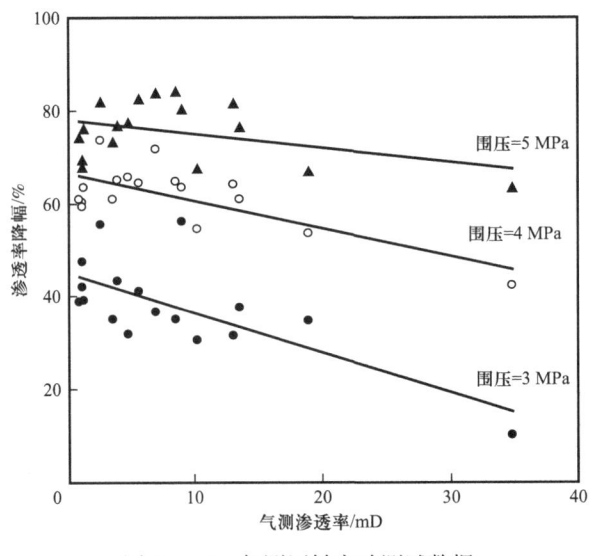

图 4-5-2 气测压敏实验测试数据

根据实验可知，同一围压下，测试岩样的渗透率越高，其应力敏感效应越弱，充分反映了结构变形时具有较小孔喉结构的致密多孔介质流动能力降低幅度大于的较大孔喉结构的多孔介质；在高围压时，渗透率的应力敏感效应在总体上较低围压显著，但在较低围压下渗透率降幅与渗透率的关系更直观。

4. 气田开发启示

在气田开发的早期阶段，地层压力下降幅度较小（例如压降 3 MPa），这时低渗透带的较强应力敏感效应将进一步降低其渗透率（渗透率降低幅度高达 40% 以上），而高渗透带较弱的应力敏感特征导致储层渗透率下降较少（渗透率降低比例不足20%），加强了储层非均质性，特别在投产早期的近井地带，涩北气田由于出水、出砂导致较低渗透率储层的强应力敏感，同时由于速敏、水锁等效应，更增加了储层流体渗流特征和流体分布规律的复杂性，给储量动用评价、提高储量动用程度措施的制定都增加了难度。

因此，涩北气田必须采用"均衡开采"和"多井低产"的稳产技术对策，在制定合理配产的时候，相对于储层岩石固结程度较高的常规气藏，压降漏斗导致的近井压敏低渗透带和开采中后期气藏压力降低所导致的储层整体渗透率下降，是涩北气田气井产能评价所必须考虑的重要因素。

二、含水气测应力敏感实验分析

1. 测试步骤

（1）将目标岩心放入岩心夹持器。

（2）利用岩心孔隙体积，计算在可动水饱和度设定值需要的地层水体积。

（3）通过精细滴管，将所需体积的地层水在岩心入口端滴入。

（4）设置围压，初始为 2 MPa。

（5）将入口压力设为 0.1 MPa，出口端为 1 kPa。

（6）渗透率值稳定后，记录测试点数据。

（7）依次增加围压至 30 MPa。

2. 测试数据

由于松散岩心对压敏、水敏和速敏的敏感性较强，导致加入水后对岩心的流动能力影响极大，大部分岩样在注水后成为低渗透样品，流动过程中出现岩心遇水浆化而大量出砂的现象，因此测试难度较大。

按照干样气测渗透率数值选择了4样次的含水气测压敏实验，包括2块岩样（气测渗透率分别是3.91 mD和13.61 mD）、可动水饱和度分别为5%和10%。计算的可动水加入量见表4-5-2。

表 4-5-2 可动水加入量计算表

岩样号	位置	干样渗透率/mD	孔隙体积/mL	含水饱和度/%	注入水量/mL	湿样渗透率/mD
J-2	1 256.80	3.91	6.493 0	5	0.324 6	0.48
J-5	1 256.95	13.61	3.559 3	5	0.178 0	3.37
J-2	1 256.80	3.91	6.493 0	10	0.649 3	0.29
J-5	1 256.95	13.61	3.559 3	10	0.355 9	0.55

测试数据（表 4-5-3、图 4-5-3 至图 4-5-5）显示，可动水饱和度的增加对涩北气田疏松砂岩储层多孔介质的渗流能力降低效果非常显著。

（1）J-2 岩心气测渗透率为 3.91 mD，可动水饱和度为 5% 时，其渗透率下降到 0.48 mD，降幅达到 87.66%，当含水饱和度进一步增加到 10% 时，其渗透率仅有 0.29 mD，渗透率降幅达 92.62%。

（2）J-5 岩心气测渗透率较高，达到 13.61 mD，可动水饱和度为 5% 时，其渗透率下降到 3.37 mD，降幅为 75.26%，当含水饱和度进一步增加到 10% 时，其渗透率仅有 0.55 mD，渗透率降幅为 95.98%。

分析其原因，包括水敏（可动水导致黏土矿物的膨胀，从而减小了渗流孔道的尺寸并增加了分散微粒的数量）、速敏（可动水溶解胶结物后增大了速敏的程度）以及水的黏度远远大于天然气，渗流的前提必须是能够驱动微孔道内的可动水。

表 4-5-3　不同围压和可动水渗透率的降幅比较表

序号	气测渗透率 / mD	含水饱和度 / %	不同围压渗透率降幅 /%			
			3.0 MPa	4.0 MPa	5.0 MPa	6.0 MPa
1	3.91	0	43.38	64.95	76.86	84.12
2		5	92.95	95.38	96.55	97.04
3		10	95.28	96.70	97.35	97.76
4	13.61	0	37.46	60.90	76.49	85.85
5		5	87.47	95.24	97.38	98.26
6		10	98.34	99.17	99.48	99.59

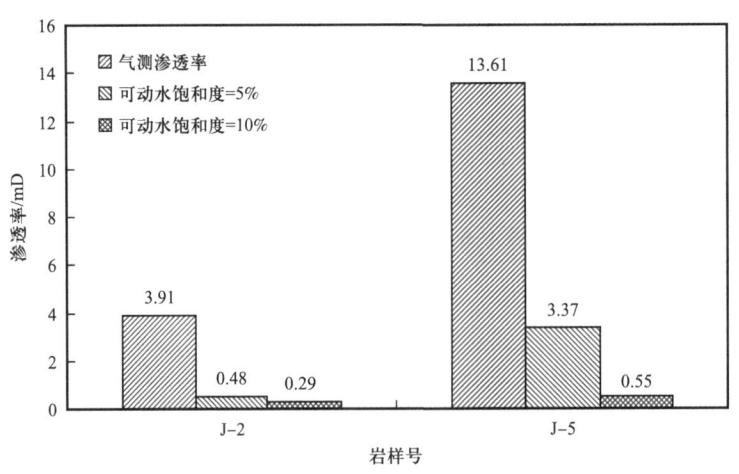

图 4-5-3　气测压敏实验测试数据

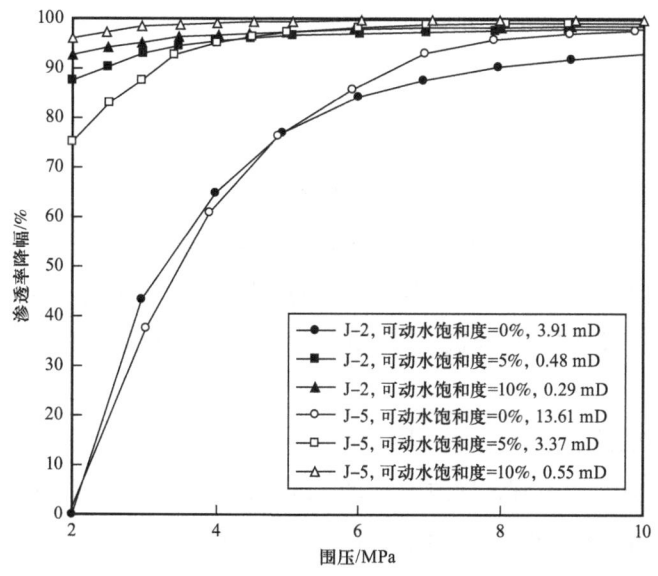

图 4-5-4　含水气测压敏实验测试数据

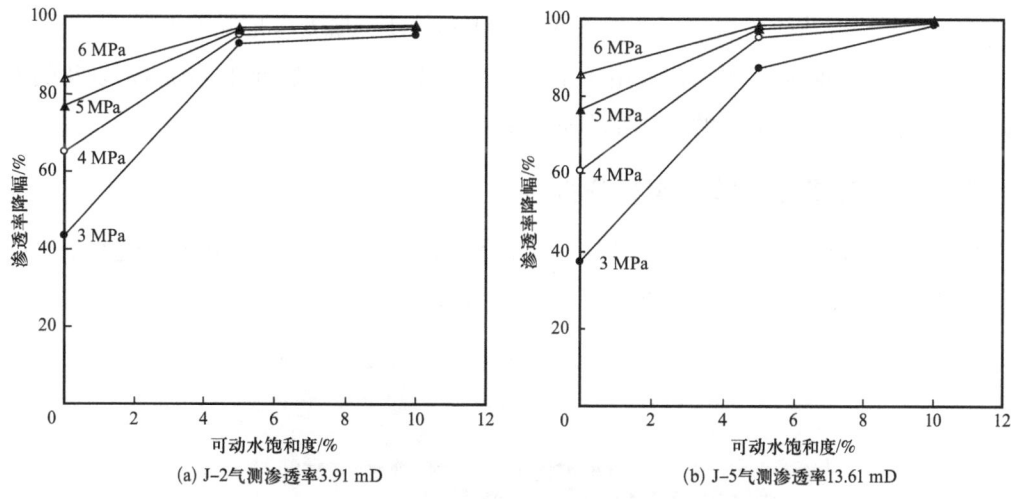

(a) J-2气测渗透率3.91 mD (b) J-5气测渗透率13.61 mD

图 4-5-5　不同围压下含水气测压敏实验测试数据

3. 测试数据分析

测试数据显示，对于涩北气田的疏松砂岩储层岩石，由于可动水的存在，加上压实作用的联合作用，渗透率将进一步降低；在围压较小的情况下，较高渗透储层渗透率的降幅略低于较低渗透储层，而在较高围压和较高可动水饱和度的情况下，较高渗透储层的渗透率降幅更显著。

测试数据表明，不同围压下，可动水的存在对储层渗透率降低的影响主要集中在可动水刚开始出现的阶段，这充分体现了地层出水对气井产能和储量动用程度的危害，同时也表明，若近井地带及时排水，井底压力未下降至较低水平，就可缓解其渗透率的降低情况，这也是稳产和提高动用储量技术对策的理论依据之一。

4. 气田开发启示

涩北气田的储层平均地层压力为 10～14 MPa，考虑到携液井的废弃压力，随着气田开采到达中后期，地层压力下降至 5～8 MPa，地层压降将达到 3～6 MPa；岩样测试数据表明，在仅存在束缚水的条件下，地层渗透率将下降 37%～86%；若出现 5% 左右的可动水，地层渗透率将下降 87%～98%，若可动水饱和度达到 10%，则地层渗透率的下降幅度将达到 95%～99%。

由于涩北气田的储层成藏期晚，因此储层岩石的成岩性差、泥质含量高、岩石骨架内聚力强度低、粒度分选性极好，导致了涩北气田的储层岩石具有显著的压敏、速敏和水敏特征，随着衰竭式开发模式的进行，储层物性会由中—低渗透变为局部低渗透—特低渗透。

涩北气田储层岩石的渗透率由于可动水的存在显著降低。在进行气井产能评价、合理配产以及制定增加储量动用程度的技术对策时，在研究疏松砂岩储层流动能力的应力敏感特征时，更要综合疏松砂岩储层条件下水敏和水锁性质，既要考虑随着地层压力的衰竭，储层整体渗透性的降低，更需研究由于压实效应、出水而出现的近井低渗透带以及低渗透带的扩展特征和由此而加剧的储层非均质性特征。

三、覆压孔渗应力敏感实验分析

采用美国进口的覆压孔渗测试仪器，开展了上覆压力增加对疏松砂岩渗透率及岩石变形的影响实验测试。实验测试仪器如图 4-5-6 所示。

图 4-5-6　覆压渗透率测试仪器［AP-608（Coretest）］

气藏开发过程中随着地层压力的下降，使得相应储层岩石承受的有效应力增大。由于涩北气田储层岩石疏松的特性，净上覆压力的变化使岩石压实，使得岩石孔隙结构变形较大，从而导致渗透率降低，含水饱和度相应增大，两相相对渗透率产生不利于气体渗流的变化，影响气藏的产能。

随着上覆压力增加孔隙度不断减少，最大压力点相对于初始（3.45 MPa 压力点）的孔隙度减少了 2.23%~7.55%，平均减少了 4.3%，相当于减少到原孔隙度的 7.73%~26.16%，平均减少到原孔隙度的 15.1%（图 4-5-7 和图 4-5-8）。

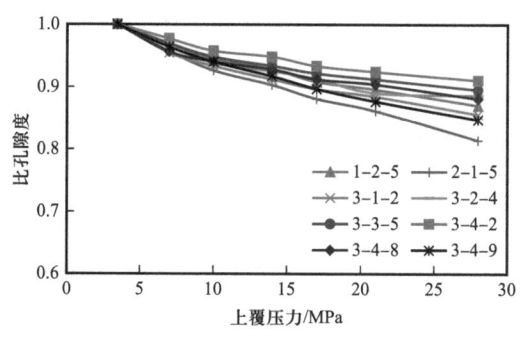
图 4-5-7 孔隙度随上覆压力变化图

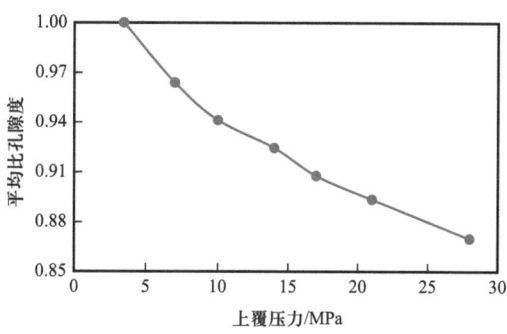
图 4-5-8 平均比孔隙度随上覆压力变化图

图 4-5-9 为渗透率随上覆压力的变化，可见压力对渗透率的影响很大，渗透率随压力的增大而减少。在低压阶段，渗透率随压力迅速下降，在 10 MPa 以后渗透率下降的幅度逐渐减小，到最后趋于平缓。渗透率下降的幅度，与岩石孔隙结构、泥质含量和微裂缝发育程度等多种因素相关。$K \geqslant 100$ mD 的样品最大压力点相对于初始（3.45 MPa 压力点）值的渗透率减少了 182~598 mD，平均减少了 461 mD。渗透率减少 98.8%~99.6%，平均减少 99.4%。对比这几块样品的压汞曲线，这几块样品发育裂缝，所以随上覆压力的增加渗透率下降最快；10 mD$\leqslant K<100$ mD 的样品最大压力点相对于初始（3.45 MPa 压力点）值的渗透率减少了 9.82~30.6 mD，平均减少了 20.9 mD。渗透率减少 33.76%~95.78%，平均减少 81.1%；$K<10$ mD 的样品最大压力点相对于初始（3.45 MPa 压力点）值的渗透率减少了 0.378~5.08 mD，平均减少了 2.52 mD。渗透率减少 45.8%~92.4%，平均为 77.3%（图 4-5-9 和图 4-5-10）。

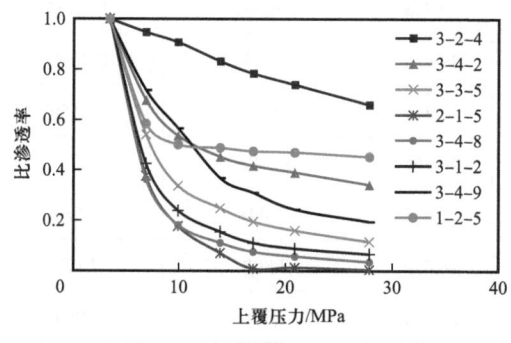
图 4-5-9 渗透率随上覆压力变化图

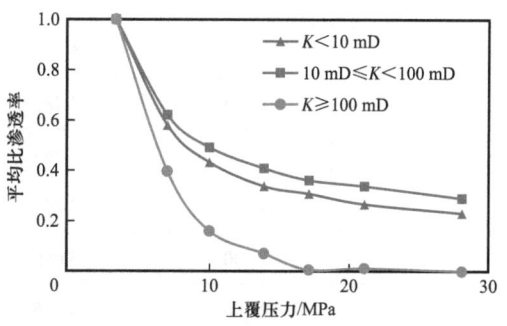
图 4-5-10 平均比渗透率随上覆压力变化图

疏松砂岩由于岩石疏松，随着开采的进行，地层压力降低，有效应力增加，渗透率下降，对气井产能存在一定影响。覆压孔渗测试数据见表 4-5-4 至表 4-5-11。

表 4-5-4　1-2-5 覆压孔渗测试数据

分析编号	2016-202-1	井号	—	岩性	—
样品编号	1-2-5	井深 /m		1 152.82	
样品质量 /g	—	样品长度 /cm	5.105	样品直径 /cm	2.383
实验测定参数					
序号	净上覆岩压 /MPa	孔隙体积 /cm³	孔隙度 /%	空气渗透率 /mD	克氏渗透率 /mD
1	3.45	6.752	29.668	2.861	2.531
2	7.00	6.524	28.667	1.725	1.471
3	10.00	6.384	28.053	1.676	1.268
4	14.00	6.269	27.546	1.545	1.226
5	17.00	6.132	26.945	1.481	1.198
6	21.00	6.048	26.576	1.425	1.180
7	28.00	5.875	25.818	1.399	1.140

表 4-5-5　2-1-5 覆压孔渗测试数据

分析编号	2015-202-5	井号	—	岩性	—
样品编号	2-1-5	井深 /m		1 421.05	
样品质量 /g	—	样品长度 /cm	4.189	样品直径 /cm	2.419
实验测定参数					
序号	净上覆岩压 /MPa	孔隙体积 /cm³	孔隙度 /%	空气渗透率 /mD	克氏渗透率 /mD
1	3.45	5.916	30.745	500.965	475.715
2	7.00	5.660	29.415	193.556	189.695
3	10.00	5.480	28.479	79.924	77.550
4	14.00	5.343	27.766	34.475	32.991
5	17.00	5.211	27.082	12.448	2.170
6	21.00	5.095	26.479	7.808	7.179
7	28.00	4.815	25.021	2.378	2.099

表 4-5-6　3-1-2 覆压孔渗测试数据

分析编号	2015-202-6	井号	—	岩性	—
样品编号	3-1-2	井深 /m		1 435.72	
样品质量 /g	—	样品长度 /cm	5.237	样品直径 /cm	2.462
实验测定参数					
序号	净上覆岩压 /MPa	孔隙体积 /cm^3	孔隙度 /%	空气渗透率 /mD	克氏渗透率 /mD
1	3.45	6.764	27.143	4.463	4.011
2	7.00	6.454	25.902	1.991	1.718
3	10.00	6.312	25.332	1.139	0.959
4	14.00	6.168	24.753	0.759	0.628
5	17.00	6.063	24.329	0.562	0.458
6	21.00	5.981	24.002	0.457	0.368
7	28.00	5.788	23.227	0.340	0.267

表 4-5-7　3-2-4 覆压孔渗测试数据

分析编号	2015-202-7	井号	—	岩性	—
样品编号	3-2-4	井深 /m		1 437.08	
样品质量 /g	—	样品长度 /cm	4.914	样品直径 /cm	2.467
实验测定参数					
序号	净上覆岩压 /MPa	孔隙体积 /cm^3	孔隙度 /%	空气渗透率 /mD	克氏渗透率 /mD
1	3.45	5.616	23.923	63.078	60.990
2	7.00	5.431	23.133	58.641	57.324
3	10.00	5.270	22.446	55.916	54.949
4	14.00	5.196	22.132	52.180	50.310
5	17.00	5.127	21.838	48.835	47.026
6	21.00	5.000	21.295	46.308	44.548
7	28.00	4.976	21.195	41.786	40.128

表 4-5-8 3-3-5 覆压孔渗测试数据

分析编号	2015-202-10	井号	—	岩性	—
样品编号	3-3-5	井深 /m		1 437.99	
样品质量 /g	—	样品长度 /cm	5.239	样品直径 /cm	2.433
实验测定参数					
序号	净上覆岩压 / MPa	孔隙体积 / cm^3	孔隙度 / %	空气渗透率 / mD	克氏渗透率 / mD
1	3.45	7.201	29.580	34.832	33.340
2	7.00	6.983	28.683	18.799	17.752
3	10.00	6.827	28.043	12.055	11.246
4	14.00	6.723	27.618	8.824	8.150
5	17.00	6.636	27.259	7.132	6.539
6	21.00	6.568	26.981	5.845	5.317
7	28.00	6.447	26.481	4.232	3.798

表 4-5-9 3-4-2 覆压孔渗测试数据

分析编号	2015-202-11	井号	—	岩性	—
样品编号	3-4-2	井深 /m		1 438.26	
样品质量 /g	—	样品长度 /cm	5.443	样品直径 /cm	2.474
实验测定参数					
序号	净上覆岩压 / MPa	孔隙体积 / cm^3	孔隙度 / %	空气渗透率 / mD	克氏渗透率 / mD
1	3.45	7.543	28.841	35.512	33.995
2	7.00	7.370	28.182	24.134	22.908
3	10.00	7.222	27.617	19.317	18.246
4	14.00	7.151	27.345	16.412	15.437
5	17.00	7.040	26.920	15.068	14.146
6	21.00	6.971	26.654	14.004	13.114
7	28.00	6.867	26.259	12.399	11.570

表 4-5-10　3-4-8 覆压孔渗测试数据

分析编号	2015-202-12	井号	—	岩性	—
样品编号	3-4-8	井深/m		1 438.76	
样品质量/g	—	样品长度/cm	5.454	样品直径/cm	2.438
实验测定参数					
序号	净上覆岩压/MPa	孔隙体积/cm^3	孔隙度/%	空气渗透率/mD	克氏渗透率/mD
1	3.45	7.097	27.875	15.216	14.295
2	7.00	6.788	26.660	5.684	5.166
3	10.00	6.675	26.217	2.939	2.592
4	14.00	6.587	25.872	1.841	1.583
5	17.00	6.475	25.432	1.298	1.103
6	21.00	6.416	25.198	0.974	0.819
7	28.00	6.253	24.560	0.642	0.530

表 4-5-11　3-4-9 覆压孔渗测试数据

分析编号	2015-202-13	井号	—	岩性	—
样品编号	3-4-9	井深/m		1 438.81	
样品质量/g	—	样品长度/cm	5.059	样品直径/cm	2.340
实验测定参数					
序号	净上覆岩压/MPa	孔隙体积/cm^3	孔隙度/%	空气渗透率/mD	克氏渗透率/mD
1	3.45	6.898	31.705	2.504	2.184
2	7.00	6.649	30.562	1.834	1.572
3	10.00	6.486	29.814	1.467	1.229
4	14.00	6.326	29.079	0.966	0.809
5	17.00	6.186	28.435	0.732	0.684
6	21.00	6.047	27.796	0.667	0.538
7	28.00	5.844	26.861	0.556	0.433

四、数字岩心应力敏感实验分析

1. 应力敏感基础公式

计算应力敏感的孔隙度和渗透率：

$$K = K_0 \mathrm{e}^{-\alpha(p_i - p)} \qquad (4-5-1)$$

$$\phi = \phi_0 \mathrm{e}^{-\beta(p_i - p)} \qquad (4-5-2)$$

式中　K——渗透率，mD；

　　　K_0——初始渗透率，mD；

　　　p_i——初始压力，MPa；

　　　p——压力，MPa；

　　　α——渗透率的压敏指数；

　　　β——孔隙度的压敏指数；

　　　ϕ——孔隙度；

　　　ϕ_0——初始孔隙度。

孔喉半径：

$$r = \sqrt{7.281 \times 10^{-3} \frac{K_0}{\varphi_0} \mathrm{e}^{(\beta - \alpha)(p_i - p)}} \qquad (4-5-3)$$

式中　r——孔喉半径，μm。

孔喉比：

$$\gamma = -7 \times 10^{-5} K_0^2 \mathrm{e}^{2(\beta - \alpha)(p_i - p)} + 0.022\,9 K_0 \mathrm{e}^{(\beta - \alpha)(p_i - p)} + 1.780\,8 \qquad (4-5-4)$$

式中　γ——孔喉比。

形状因子：

$$G = G_0 \mathrm{e}^{(\beta - \alpha)(p_i - p)} \qquad (4-5-5)$$

式中　G——形状因子；

　　　G_0——初始形状因子。

配位数：

$$Z = -2 \times 10^{-4} K_0^2 \mathrm{e}^{2(\beta - \alpha)(p_i - p)} + 0.07 K_0 \mathrm{e}^{(\beta - \alpha)(p_i - p)} + 1.151\,6 \qquad (4-5-6)$$

式中　Z——配位数。

2. 渗流参数的应力敏感分析

设定几组有效应力（0～15 MPa），按上述公式计算当前有效应力下的形状因子分布，再计算润湿相饱和度和对应的毛细管压力曲线，得到应力敏感的毛细管压力曲线，计算结果如图 4-5-11 至图 4-5-19 所示。

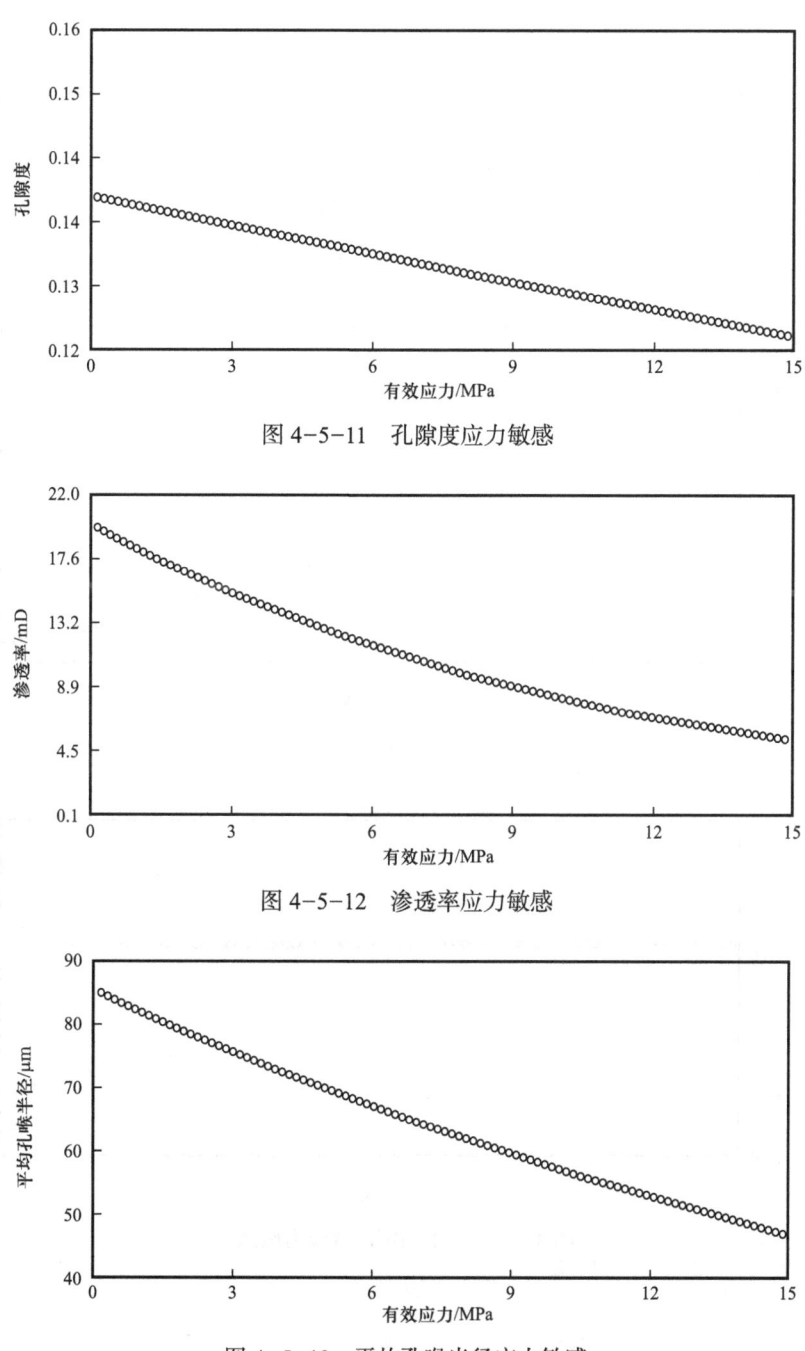

图 4-5-11　孔隙度应力敏感

图 4-5-12　渗透率应力敏感

图 4-5-13　平均孔喉半径应力敏感

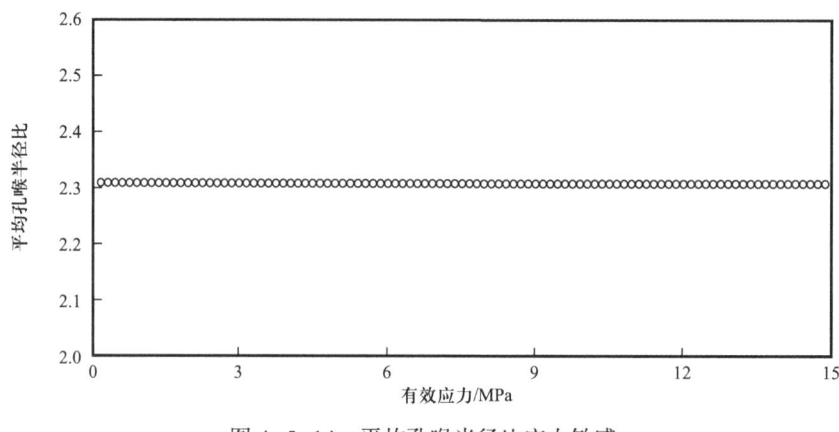

图 4-5-14　平均孔喉半径比应力敏感

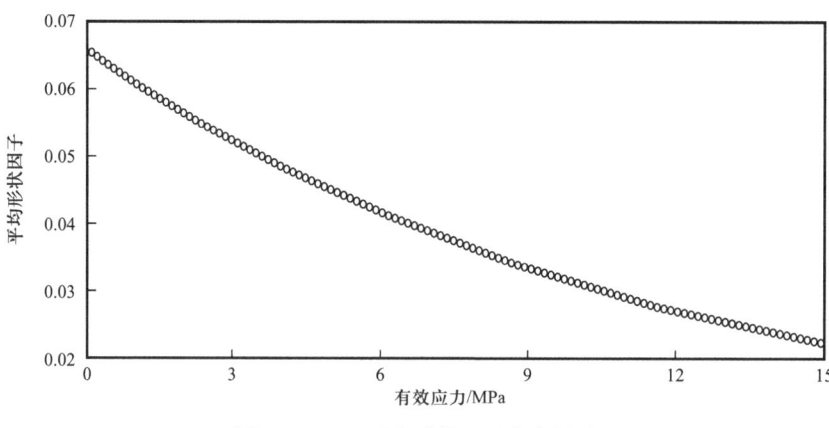

图 4-5-15　平均形状因子应力敏感

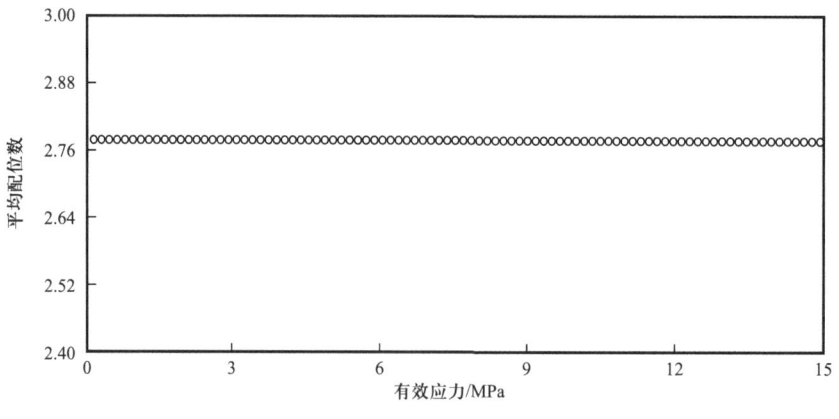

图 4-5-16　平均配位数应力敏感

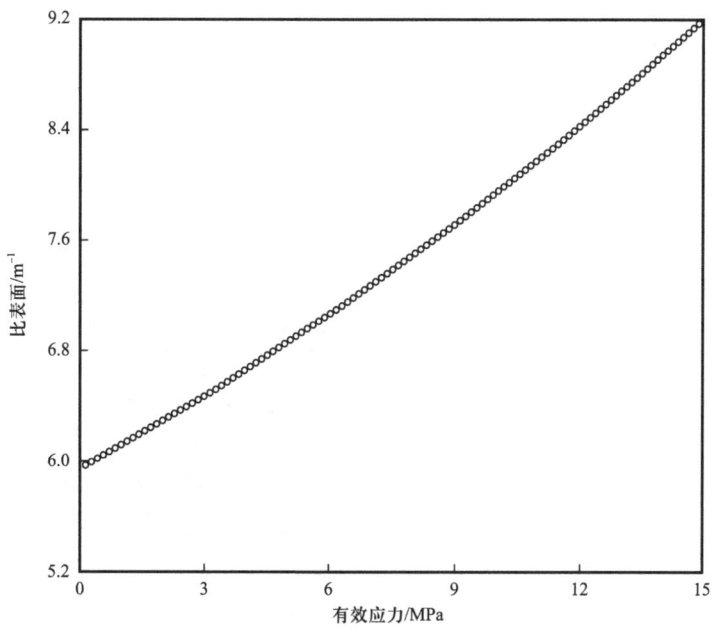

图 4-5-17 比表面应力敏感

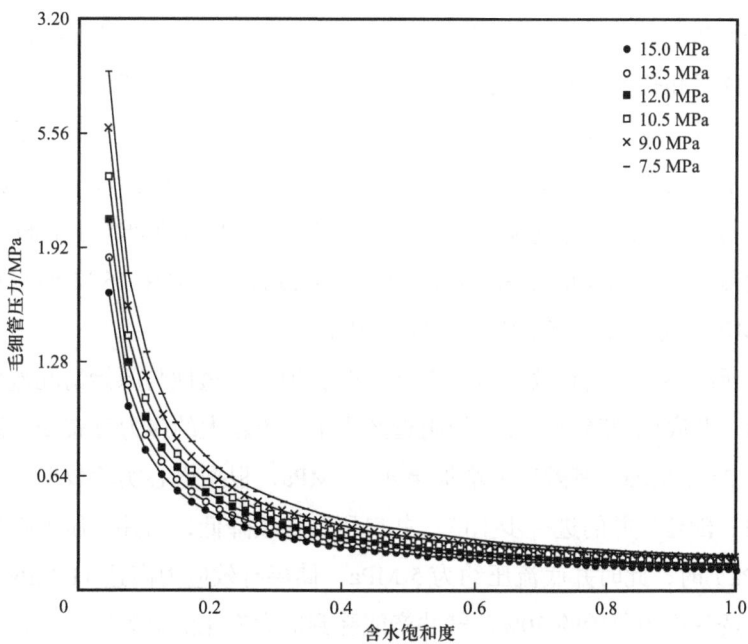

图 4-5-18 毛细管压力曲线应力敏感

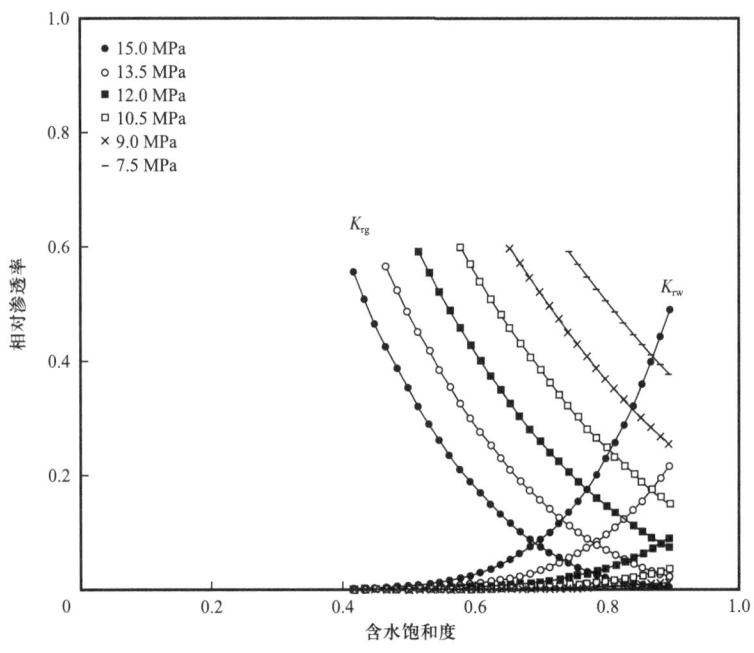

图 4-5-19 相对渗透率曲线应力敏感

3. 应力敏感对产能的影响

由于疏松砂岩气藏具有较强的应力敏感性，同时涩北气田的岩石实验也验证有效应力对其储层渗透率和孔隙度的显著影响。开发策略的制定会受到储层岩石应力敏感性的限制。开发早期阶段，应力敏感在地层压力较高时表现不明显，但在气田开采的中后期，必须考虑由于地层压力降低较多，有效应力增大，从而储层岩石变形，导致孔隙结构改变、渗流阻力增加和渗透率降低等情况，气井在开发早期和中后期在产能上有较大差异。

根据密度测井数据和储层埋深，可知储层的上覆岩层压力在 16 MPa 左右，地层原始压力约为 14 MPa，可计算出有效应力约为 2 MPa。

根据实验所测参数，当有效应力为 2 MPa 时，地层渗透性与原始情况差异不大。在气井开始生产后，井底压力降低，在井筒附近产生了一个较大的应力分布场，涩北气田的生产压差通常在 2~5 MPa，有效应力增加至 4~7 MPa，根据岩心实验数据，渗透率下降约为初值的 50%；随着气井的进一步生产，井口压力持续降低，当井口压力降低至废弃井口压力（2.5 MPa）时，此时井底流压约为 5 MPa，储层有效应力高达 11 MPa，根据实验数据，此时的渗透率仅为原始的 30%，气井产能受到应力变化的显著影响，在进行产能预测时必须考虑。

第五章　多孔介质固相分形渗流模型

疏松砂岩有水气藏储层在渗流过程中，储层受应力敏感效应、气水两相渗流、储层出砂等现象的影响，其渗流特征极为复杂。为了分析疏松砂岩有水气藏储层的渗流特征，本章基于多孔介质固相分形渗流基本理论，结合疏松砂岩水驱气藏储层渗流实际情况，建立了多孔介质固相分形渗流模型，包括多孔介质固相分形渗流基本模型、应力敏感渗流模型、固相分形两相渗流模型与固相分形出砂渗流模型。

第一节　多孔介质固相分形渗流基本模型

基于固相骨架具有分形几何特征的假设，结合多孔介质渗流和分形几何理论，推导出多孔介质固相分形渗流基本模型。本节所提出的渗透率和孔隙度模型包括固相颗粒的分形参数、固相颗粒的最大直径和最小直径、固相颗粒分形维数和曲折度分形维数等，每个参数具有明确的物理意义。多孔介质固相分形渗流基本模型预测结果和实验数据吻合度较高，验证了该模型的有效性。该模型可以作为多孔介质应力敏感渗流模型、固相分形两相渗流模型与固相分形出砂渗流模型的基础模型。

一、物理模型

一系列的迂曲固相骨架集组成多孔介质，同时集间孔隙由毛细管束构成，如图 5-1-1 所示。基于固相骨架具有分形几何特征的假设，结合多孔介质渗流和分形几何理论，可以推导出多孔介质固相分形渗流基本模型。本模型的假设条件如下：不考虑重力和毛细管力对模型的影响，渗流过程中温度不随距离变化，毛细管内流体单相流动，压力变化不影响渗透率等参数。

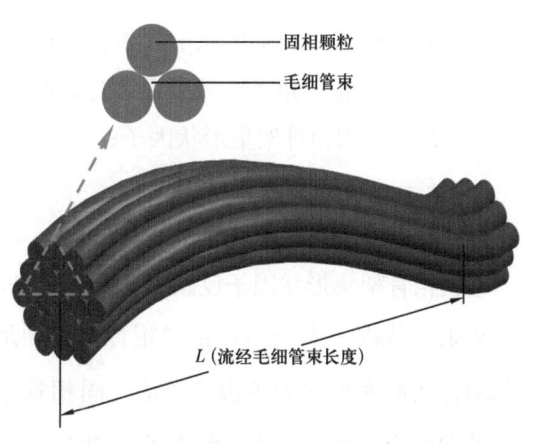

图 5-1-1　疏松砂岩分形渗流基础模型

二、数学模型

1. 固相骨架与毛细管的关系

为了分析多孔介质模型中固相骨架集与毛细管束的关系,在多孔介质横截面中,选取正三角形区域,如图 5-1-2 所示。

图 5-1-2 多孔介质截面的正三角形区域

正三角形区域中,毛细管由三个直径相近的固相骨架构成,该区域的面积可由固相骨架直径表示:

$$A_\mathrm{u} = \frac{\sqrt{3}}{4} \lambda_\mathrm{c}^2 \tag{5-1-1}$$

式中 A_u——正三角形区域面积,m^2;

λ_c——固相骨架直径,m。

正三角形区域中,固相骨架集与毛细管束所占面积分别表示:

$$A_\mathrm{uc} = \frac{F_\mathrm{c}}{2} \lambda_\mathrm{c}^2 \tag{5-1-2}$$

$$A_\mathrm{up} = F_\mathrm{p} \lambda_\mathrm{p}^2 \tag{5-1-3}$$

式中 A_uc——正三角形区域中固相骨架集所占面积,m^2;

A_up——正三角形区域中毛细管束所占面积,m^2;

F_c——固相骨架集形状因子;

F_p——毛细管束形状因子;

λ_p——毛细管直径,m。

固相骨架集形状因子反映多孔介质骨架实际形状,若固相骨架截面形状为圆形,固相骨架集形状因子 $F_\mathrm{c} = \pi/4$;若固相骨架截面形状为方形,固相骨架集形状因子 $F_\mathrm{c} = 1/2$;若固相骨架截面形状为等边三角形,固相骨架集形状因子 $F_\mathrm{c} = 3\sqrt{3}/16$。毛细管束形状因子 F_p 的取值由固相骨架集形状因子 F_c 决定。

正三角形区域面积为固相骨架集与毛细管束所占面积之和:

$$A_\mathrm{u} = A_\mathrm{uc} + A_\mathrm{up} \tag{5-1-4}$$

将式（5-1-2）与式（5-1-3）代入式（5-1-4），得到毛细管直径 λ_p 与骨架直径的关系：

$$\lambda_\mathrm{p} = \sqrt{\frac{\sqrt{3} - 2F_\mathrm{c}}{4F_\mathrm{p}}} \lambda_\mathrm{c} \tag{5-1-5}$$

2. 固相骨架集数目与长度表征

多孔介质中固相骨架直径 l 大于或等于 λ_c 的累积分布规律遵循如下分形定律[78]：

$$N_\mathrm{c}(l \geq \lambda_\mathrm{c}) = \left(\frac{\lambda_\mathrm{cmax}}{\lambda_\mathrm{c}}\right)^{D_\mathrm{cf}} \tag{5-1-6}$$

式中 N_c——固相骨架集总数；

l——固相骨架直径，m；

λ_cmax——最大固相骨架直径，m；

D_cf——多孔介质固相骨架集分形维数。

二维空间中 $0<D_\mathrm{cf}<2$，三维空间中 $0<D_\mathrm{cf}<3$，$D_\mathrm{cf}=0$ 表示在空间中固相骨架总数 N_c 为 1 即只有一个颗粒存在，二维空间中 $D_\mathrm{cf}=2$ 或三维空间中 $D_\mathrm{cf}=3$ 表示固相骨架数 N_c 接近其可能的最大值，即固相骨架占据整个空间。由图 5-1-2 可知，多孔介质模型中固相骨架与毛细管一一对应，则多孔介质毛细管数 N_p 与固相骨架数 N_c 相同。

对式（5-1-6）中固相骨架直径 λ_c 求导，可以得到从 λ_c 到 $\lambda_\mathrm{c}+\mathrm{d}\lambda_\mathrm{c}$ 的无穷小范围内的固相骨架的数目：

$$-\mathrm{d}N_\mathrm{c} = D_\mathrm{cf} \lambda_\mathrm{cmax}^{D_\mathrm{cf}} \lambda_\mathrm{c}^{-(D_\mathrm{cf}+1)} \mathrm{d}\lambda_\mathrm{c} \tag{5-1-7}$$

固相骨架长度等于多孔介质长度，其分形尺度定律[78]：

$$L_\mathrm{c} = \lambda_\mathrm{c}^{1-D_\mathrm{cT}} L^{D_\mathrm{cT}} \tag{5-1-8}$$

式中 L_c——固相骨架集真实长度，m；

L——固相骨架集表观长度，m；

D_cT——固相骨架集曲迁分形维数。

基于模型假设，毛细管长度与其相邻固相骨架长度一致，则毛细管长度分形尺度定律可以表示：

$$L_\mathrm{p} = \lambda_\mathrm{c}^{1-D_\mathrm{cT}} L^{D_\mathrm{cT}} \tag{5-1-9}$$

式中 L_p——毛细管长度，m。

3. 多孔介质截面积

多孔介质截面积可以表示：

$$A = -\int_{\lambda_{cmin}}^{\lambda_{cmax}} A_u dN_c \qquad (5-1-10)$$

式中 A——多孔介质截面积，m^2；

λ_{cmin}——最小固相骨架直径，m。

将式（5-1-1）与式（5-1-7）代入式（5-1-10），整理可得多孔介质的截面积分形表达式：

$$A = \frac{\sqrt{3}D_{cf}\lambda_{cmax}^{D_{cf}}}{4(2-D_{cf})}\left(\lambda_{cmax}^{2-D_{cf}} - \lambda_{cmin}^{2-D_{cf}}\right) \qquad (5-1-11)$$

多孔介质截面中固相骨架集所占面积可以表示：

$$A_c = -\int_{\lambda_{cmin}}^{\lambda_{cmax}} A_{uc} dN_c \qquad (5-1-12)$$

式中 A_c——多孔介质截面中固相骨架集所占面积，m^2。

将式（5-1-2）与式（5-1-7）代入式（5-1-10），可以得到多孔介质截面中固相骨架集所占面积的分形表达式：

$$A_c = \frac{F_c D_{cf}\lambda_{cmax}^{D_{cf}}}{2(2-D_{cf})}\left(\lambda_{cmax}^{2-D_{cf}} - \lambda_{cmin}^{2-D_{cf}}\right) \qquad (5-1-13)$$

多孔介质截面中毛细管束所占面积可以表示：

$$A_p = -\int_{\lambda_{cmin}}^{\lambda_{cmax}} A_{up} dN_c \qquad (5-1-14)$$

式中 A_p——多孔介质截面中毛细管束所占面积，m^2。

将式（5-1-3）、式（5-1-5）与式（5-1-7）代入式（5-1-10），整理可得多孔介质的截面积分形表达式：

$$A_p = \frac{(\sqrt{3}-2F_c)D_{cf}\lambda_{cmax}^{D_{cf}}}{4(2-D_{cf})}\left(\lambda_{cmax}^{2-D_{cf}} - \lambda_{cmin}^{2-D_{cf}}\right) \qquad (5-1-15)$$

由式（5-1-3）、式（5-1-5）与式（5-1-7）可知，多孔介质截面中固相骨架集与毛细管束所占面积之和与多孔介质截面积相等：

4. 多孔介质体积

多孔介质总体积可以表示：

$$A = A_c + A_p \tag{5-1-16}$$

$$V = AL \tag{5-1-17}$$

式中 V——多孔介质体积，m^3。

将式（5-1-11）代入式（5-1-17），整理可得多孔介质的总体积分形表达式：

$$V = \frac{\sqrt{3}LD_{cf}\lambda_{cmax}^{D_{cf}}}{4(2-D_{cf})}\left(\lambda_{cmax}^{2-D_{cf}} - \lambda_{cmin}^{2-D_{cf}}\right) \tag{5-1-18}$$

多孔介质中固相骨架集所占体积可以表示：

$$V_c = -\int_{\lambda_{cmin}}^{\lambda_{cmax}} A_u L_c dN_c \tag{5-1-19}$$

式中 V_c——多孔介质中固相骨架集所占体积，m^3。

将式（5-1-1）、式（5-1-7）与式（5-1-8）同时代入式（5-1-17），可以得到多孔介质中固相骨架集所占体积的分形表达式：

$$V_c = \frac{F_c D_{cf} L^{D_{cT}} \lambda_{cmax}^{D_{cf}}}{2(3-D_{cT}-D_{cf})}\left(\lambda_{cmax}^{3-D_{cT}-D_{cf}} - \lambda_{cmin}^{3-D_{cT}-D_{cf}}\right) \tag{5-1-20}$$

多孔介质中毛细管束所占体积可以表示：

$$V_p = V - V_c \tag{5-1-21}$$

式中 V_p——多孔介质中孔隙所占体积，m^3。

将式（5-1-18）、式（5-1-20）同时代入式（5-1-21），可以得到多孔介质中孔隙所占体积的分形表达式：

$$V_p = \frac{\sqrt{3}LD_{cf}\lambda_{cmax}^{D_{cf}}}{4(2-D_{cf})}\left(\lambda_{cmax}^{2-D_{cf}} - \lambda_{cmin}^{2-D_{cf}}\right) - \frac{F_c D_{cf} L^{D_{cT}} \lambda_{cmax}^{D_{cf}}}{2(3-D_{cT}-D_{cf})}\left(\lambda_{cmax}^{3-D_{cT}-D_{cf}} - \lambda_{cmin}^{3-D_{cT}-D_{cf}}\right) \tag{5-1-22}$$

5. 多孔介质孔隙度

基于多孔介质中的孔隙度定义，其表达式：

$$\phi = \frac{V_p}{V} \tag{5-1-23}$$

式中 ϕ——多孔介质孔隙度。

将式（5-1-18）与式（5-1-22）代入式（5-1-23），得到多孔介质中的孔隙度分形表达式：

$$\phi = 1 - \frac{2F_c(2-D_{cf})L^{D_{cT}-1}\left(\lambda_{cmax}^{3-D_{cT}-D_{cf}} - \lambda_{cmin}^{3-D_{cT}-D_{cf}}\right)}{\sqrt{3}(3-D_{cT}-D_{cf})\left(\lambda_{cmax}^{2-D_{cf}} - \lambda_{cmin}^{2-D_{cf}}\right)} \quad （5-1-24）$$

式（5-1-24）表示多孔介质孔隙度与分形参数 D_{cT}、D_{cf} 的关系。随着固相骨架分形维数 D_{cf} 的增加，多孔介质的孔隙度 ϕ 减小，其原因在于固相骨架分形维数 D_{cf} 的增加，导致固相骨架数量与体积的增加和孔隙体积的减少。当 D_{cf} 趋于 0 时，孔隙度 ϕ 接近其最大值，即多孔介质完全被孔隙占据；当 D_{cf} 趋于 2 时，ϕ 接近 0，表明多孔介质完全被骨架占据。随着固相骨架分形维数 D_{cT} 的增加，多孔介质的孔隙度 ϕ 增大，其原因在于固相骨架迂曲分形维数 D_{cT} 的增加，导致固相骨架长度的缩短及固相骨架体积的减小。当 D_{cT} 趋于 1 时，孔隙度 ϕ 接近其最大值；当 D_{cT} 趋于 2 时，孔隙度 ϕ 接近其最小值，表明多孔介质中固相骨架占据了多孔介质内大部分空间。多孔介质渗透率与分形维数 D_{cT}、D_{cf} 的关系与实际渗流情况一致。

6. 多孔介质渗透率

基于毛细管束模型，通过单根直径为 λ 的毛细管的流量 q 可以描述[78-79]：

$$q = k\frac{\pi \lambda_p^4 \Delta p}{128\mu L_p} \quad （5-1-25）$$

式中　q——单根毛细管的流量，m³/s；

　　　k——流动几何系数；

　　　Δp——毛细管两端压差，Pa；

　　　μ——流体黏度，Pa·s。

式（5-1-25）中，k 为流动几何系数，由多孔介质骨架实际形状决定，若固相骨架截面形状为圆形，$k=1$；若固相骨架截面形状为方形，$k=1.43$；若固相骨架截面形状为等边三角形，$k=1.98$[80]。

多孔介质中所有毛细管流体的流量相加即为经过该多孔介质中的流体流量。本文模型中，流经多孔介质的流体流量为最小固相骨架相邻毛细管流量至最大固相骨架相邻毛细管流量之和，可以表示：

$$Q = \int_{\lambda_{cmin}}^{\lambda_{cmax}} q\mathrm{d}N_c \quad （5-1-26）$$

式中　Q——多孔介质中流过的流体的流量，m³/s。

将式（5-1-7）与式（5-1-25）代入式（5-1-26），可以得到流经多孔介质流量的分形表达式：

$$Q = \frac{\pi k D_{cf} \Delta p \lambda_{cmax}^{3+D_{cT}} \left(\sqrt{3}-2F_c\right)^2}{2^{11} \mu \left(3+D_{cT}-D_{cf}\right) F_p^2 L^{D_{cT}}} \left[1-\left(\frac{\lambda_{cmin}}{\lambda_{cmax}}\right)^{3+D_{cT}-D_{cf}}\right] \quad (5\text{-}1\text{-}27)$$

由于 $1<D_{cT}<2$，$0<D_{cf}<2$，则表达式 $3+D_{cT}-D_{cf}>1$，通常 $\lambda_{cmin}/\lambda_{cmax}<10^{-2}$，由此得到 $(\lambda_{cmin}/\lambda_{cmax})^{3+D_{cT}-D_{cf}} \ll 1$，式（5-1-27）可以简化：

$$Q = \frac{\pi k D_{cf} \Delta p \lambda_{cmax}^{3+D_{cT}} \left(\sqrt{3}-2F_c\right)^2}{2^{11} \mu \left(3+D_{cT}-D_{cf}\right) F_p^2 L^{D_{cT}}} \quad (5\text{-}1\text{-}28)$$

多孔介质下的渗透率可以根据达西定律得到，其表达式：

$$K = \frac{Q \mu L}{A \Delta p} \quad (5\text{-}1\text{-}29)$$

式中 K——多孔介质的渗透率，m^2。

将式（5-1-11）与式（5-1-27）代入式（5-1-29），可以得到多孔介质渗透率的分形表达式：

$$K = \frac{\pi k \left(2-D_{cf}\right) \left(\sqrt{3}-2F_c\right)^2 \lambda_{cmax}^{D_{cf}} \left(\lambda_{cmax}^{3+D_{cT}-D_{cf}} - \lambda_{cmin}^{3+D_{cT}-D_{cf}}\right)}{2^9 \sqrt{3} \left(3+D_{cT}-D_{cf}\right) \left(\lambda_{cmax}^{2-D_{cf}} - \lambda_{cmin}^{2-D_{cf}}\right) F_p^2 L^{D_{cT}-1}} \quad (5\text{-}1\text{-}30)$$

将式（5-1-11）与式（5-1-28）同时代入式（5-1-29），可以得到多孔介质中的渗透率简化分形表达式：

$$K = \frac{\pi k \left(2-D_{cf}\right) \left(\sqrt{3}-2F_c\right)^2 \lambda_{cmax}^{3+D_{cT}-D_{cf}}}{2^9 \sqrt{3} \left(3+D_{cT}-D_{cf}\right) \left(\lambda_{cmax}^{2-D_{cf}} - \lambda_{cmin}^{2-D_{cf}}\right) F_p^2 L^{D_{cT}-1}} \quad (5\text{-}1\text{-}31)$$

式（5-1-31）表示多孔介质渗透率与分形维数 D_{cT}、D_{cf} 的关系。随着固相骨架分形维数 D_{cf} 的增加，多孔介质的渗透率 K 减小，其原因在于固相骨架分形维数 D_{cf} 的增加，导致固相骨架数量的增加以及多孔介质截面中流动空间和孔隙减少。当 D_{cf} 趋于 0 时，渗透率 K 接近其最大值，即多孔介质完全被孔隙占据；当 D_{cf} 趋于 2 时，K 接近 0，表明多孔介质完全被骨架占据。随着固相骨架分形维数 D_{cT} 的增加，多孔介质的渗透率 K 增大，其原因在于固相骨架迂曲分形维数 D_{cT} 的增加，导致固相骨架长度的缩短以及多孔介质中流体渗流路径的缩短。当 D_{cT} 趋于 1 时，K 接近其最大值，即多孔介质中流体沿直线渗流；当 D_{cT} 趋于 2 时，渗透率 K 接近其最小值，表明多孔介质中流体渗流路径极其复杂。多孔介质渗透率与分形维数 D_{cT}、D_{cf} 的关系与实际渗流情况一致。

三、实例分析

为了分析多孔介质固相分形渗流基本模型的正确性，设计了一个测量岩心渗透率及岩心分形特征参数的实验，并将实验结果与模型计算结果对比。固相骨架集分形参数主要为最大直径 λ_{cmax} 和最小直径 λ_{cmin} 及固相骨架集分形维数 D_{cf} 和固相骨架曲迂分形维数 D_{cT}。实验设计如下：

（1）确定实验岩心，使用普通显微镜在目标岩心横截面找寻固相骨架，测量固相骨架最大直径，测得最大直径为 $\lambda_{cmax}=5.4 \times 10^{-5}$ m。

（2）固相颗粒分形维数 D_{cf} 通过计算得到。首先，使用电子显微镜分别扫描 50 μm、100 μm、200 μm 和 400 μm 四个尺度下的图像，如图 5-1-3 所示。

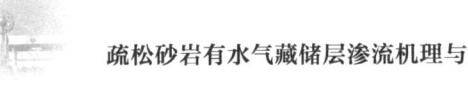

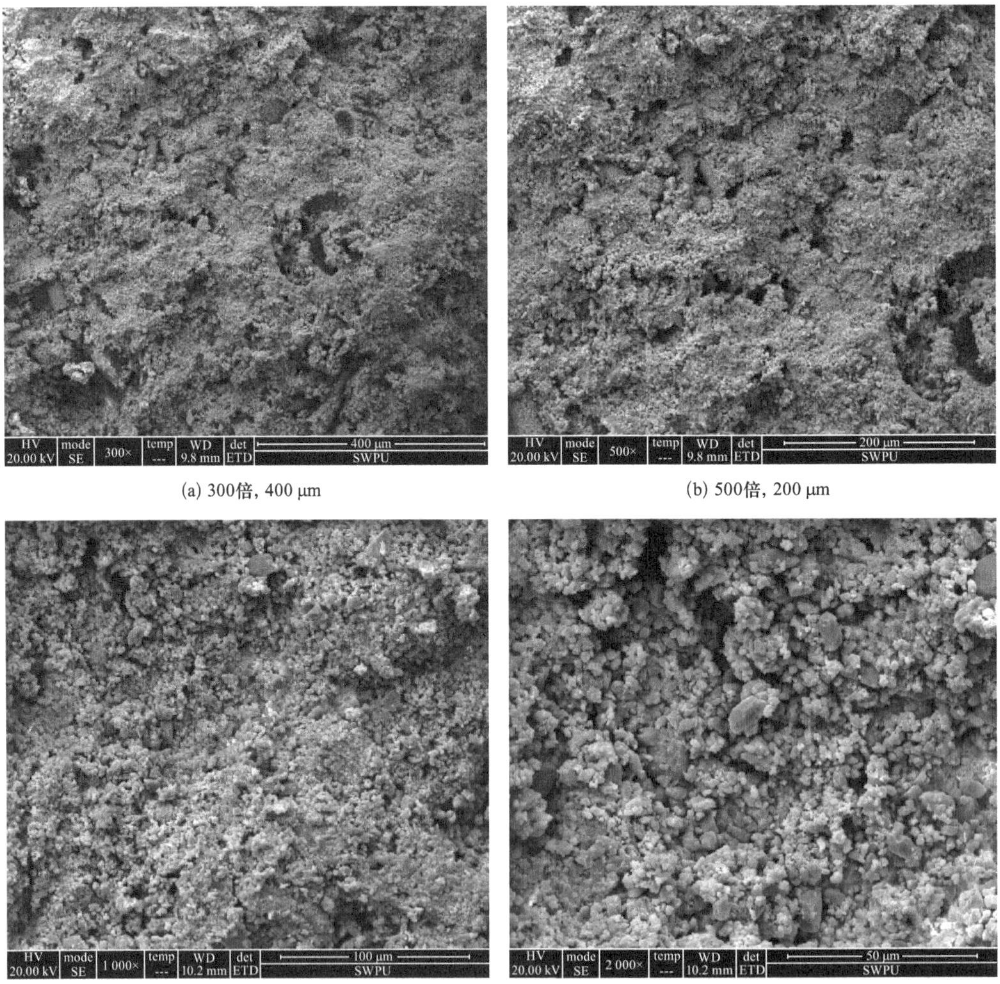

(a) 300倍，400 μm (b) 500倍，200 μm

(c) 1000倍，100 μm (d) 2000倍，50 μm

图 5-1-3　目标岩心四个不同尺度下扫描图像

通过二值化处理得到黑白图像，其中黑色和白色区域分别表示固相骨架集与孔隙。然后，使用盒计数法分别分析每个图像的固相骨架集分形维数 D_{cf}。最后，岩心的固相颗粒分形维数平均值由四个图像统计获得，D_{cf}=1.87。

（3）相比固相骨架最大直径 λ_{cmax}，岩心的固相骨架最小直径 λ_{cmin} 难以直接测量。因此，根据面积孔隙度的表达式，引入新的方法来获得固相骨架最小直径 λ_{cmin}。首先，通过扫描电镜测量每个图像的面积孔隙度。然后，使用每个图像的固相颗粒分形维数 D_{cf}、固相颗粒最小直径 λ_{cmin} 和毛细管束最小直径 λ_{pmin} 的初始值，计算每个图像的预测面积孔隙度。之后，重复输入 λ_{cmin} 的值，以确保每个图像的测量孔隙度和预测孔隙度之差最小。最后，通过计算得到最佳值：λ_{cmin}=1.1×10^{-10} m。

（4）固相骨架曲迁分形维数 D_{cT} 可用 Yu 和 Li[81] 的方法计算。在岩心的横截面扫描图（扫描尺度分别为 50 μm、100 μm、200 μm 和 400 μm）上，固相颗粒团簇之间绘制 10 个随机流动路径。根据盒计数法得到不同图像上每条流动路径毛细管束曲折度分形维数 D_{cT} 得到平均值，即为岩心的毛细管的曲折度分形维数。同样的方法得到固相颗粒曲折度分形维数 D_{cT}=1.04。

（5）实际测量目标岩心渗透率与孔隙度，分别为 K=45.2×10^{-15} m^2，ϕ=0.31。将分形参数代入多孔介质固相分形渗流基本模型，得到模型预测渗透率与孔隙度，分别为 K=41.6×10^{-15} m^2，ϕ=0.3。模型预测结果与实测实验结果基本一致，验证了多孔介质固相分形渗流基本模型的有效性。

第二节　多孔介质固相分形应力敏感渗流模型

基于多孔介质固相分形渗流基本模型，结合多孔介质固相应变理论，得到多孔介质固相分形应力敏感渗流模型，用于分析应力敏感效应对多孔介质渗流的影响。通过实验数据验证了本模型的预测准确性。基于本模型分析，多孔介质中的分形特征会对多孔介质的渗透性有影响。

一、物理模型

根据多孔介质固相分形渗流基本模型，多孔介质是由一组弯曲的固相骨架集及骨架集间隙毛细管束组成。多孔介质固相骨架集受应力影响发生应变，当在固相骨架集施加径向应力时，固相骨架集会发生径向收缩，如图 5-2-1 所示。σ_1、σ_2 为多孔介质固相骨架集所受的不同径向应力，且 $\sigma_1<\sigma_2$；此时多孔介质中固相骨架集和毛细管束的直径虽减小，

但其形状未发生改变。本模型的假设条件如下：不考虑重力和毛细管力对模型的影响，渗流过程中温度不随距离变化，毛细管内流体单相流动，压力变化影响渗透率等参数。

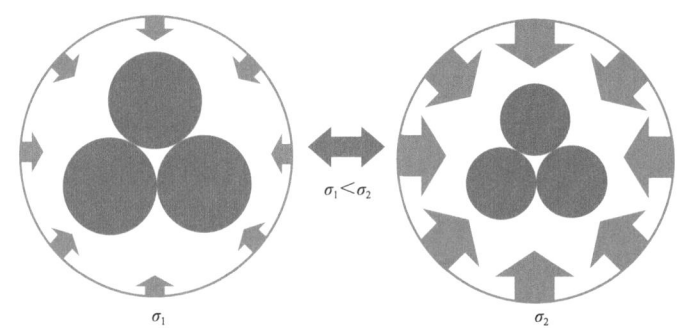

图 5-2-1　固体骨架径向应变示意图

当在固相骨架集施加横向应力时，固相骨架集由于应力而产生弯曲，并且横向收缩，如图 5-2-2 所示。此时固相骨架的实际长度和曲迂程度将增加，而骨架集的直线长度没有改变。

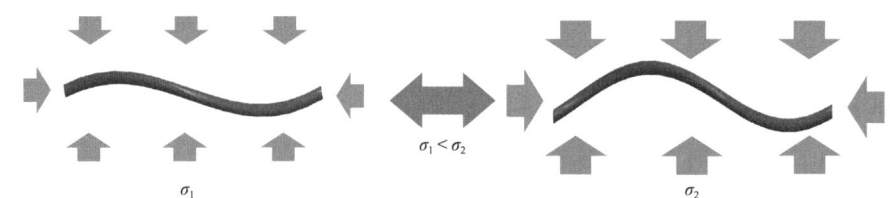

图 5-2-2　固体骨架横向应变示意图

二、数学模型

1. 应力条件下固相骨架与毛细管参数表征

应力条件下多孔介质中固相骨架直径 l 大于或等于 λ_c 的累计分布规律遵循如下分形定律：

$$N_c(l \geqslant \lambda_{c0}) = \left(\frac{\lambda_{cmax0}}{\lambda_{c0}}\right)^{D_{cf}} \tag{5-2-1}$$

式中　λ_{cmax0}——应力为 0 的最大固相骨架直径，m；

λ_{c0}——应力为 0 的固相骨架直径，m。

对式（5-2-1）中固相骨架直径 λ_{c0} 求导，可以得到从 λ_{c0} 到 $\lambda_{c0}+d\lambda_{c0}$ 的无穷小范围内的固相骨架的数目：

$$-\mathrm{d}N_{\mathrm{c}} = D_{\mathrm{cf}} \lambda_{\mathrm{cmax0}}^{D_{\mathrm{cf}}} \lambda_{\mathrm{c0}}^{-(D_{\mathrm{cf}}+1)} \mathrm{d}\lambda_{\mathrm{c0}} \quad (5\text{-}2\text{-}2)$$

根据实验数据，在多孔介质的固相骨架集受压力时，几乎不会出现失效。而且，抗拉强度值低的固相骨架被归入脆性材料范畴。Hook 描述了多孔介质中骨架集的应力应变关系，多孔介质中固相骨架的直径可以表示：

$$\lambda_{\mathrm{c}\sigma} = \lambda_{\mathrm{c0}} \left(1 - \frac{\sigma_{\lambda}}{E} \right) \quad (5\text{-}2\text{-}3)$$

式中　σ_{λ}——骨架集所受径向应力，Pa；

　　　E——杨氏模量，Pa；

　　　$\lambda_{\mathrm{c}\sigma}$——应力作用下的骨架直径，m。

将式（5-1-5）代入式（5-2-3），可得到应力条件下多孔介质的毛细管直径的表达式：

$$\lambda_{\mathrm{p}\sigma} = \lambda_{\mathrm{c0}} \sqrt{\frac{\sqrt{3} - 2F_{\mathrm{c}}}{4F_{\mathrm{p}}}} \left(1 - \frac{\sigma_{\lambda}}{E} \right) \quad (5\text{-}2\text{-}4)$$

式中　$\lambda_{\mathrm{p}\sigma}$——应力作用下的毛细管直径，m。

多孔介质中固相骨架的长度可以表示：

$$L_{\mathrm{c}\sigma} = L_{\mathrm{c0}} \left(1 + \frac{1}{\nu} \frac{\sigma_{\lambda}}{E} \right) \quad (5\text{-}2\text{-}5)$$

式中　ν——泊松比；

　　　$L_{\mathrm{c}\sigma}$——应力作用下的固相骨架长度，m；

　　　L_{c0}——应力为 0 的固相骨架长度，m。

应力条件下，固相骨架长度的分形尺度定律：

$$L_{\mathrm{c}\sigma} = \lambda_{\mathrm{c}\sigma}^{1-D_{\mathrm{cT}\sigma}} L^{D_{\mathrm{cT}\sigma}} \quad (5\text{-}2\text{-}6)$$

式中　$D_{\mathrm{cT}\sigma}$——应力条件下多孔介质骨架集的曲迂分形维数。

当应力为 0 时，固相骨架长度的分形尺度定律可以表示：

$$L_{\mathrm{c0}} = \lambda_{\mathrm{c0}}^{1-D_{\mathrm{cT0}}} L^{D_{\mathrm{cT0}}} \quad (5\text{-}2\text{-}7)$$

式中　D_{cT0}——应力为 0 时多孔介质骨架集的曲迂分形维数。

将式（5-2-3）代入式（5-2-6），可以得到固相骨架长度的分形表达式：

$$L_{\mathrm{c}\sigma} = \lambda_{\mathrm{c0}}^{1-D_{\mathrm{cT}\sigma}} L^{D_{\mathrm{cT}\sigma}} \left(1 - \frac{\sigma_{\lambda}}{E} \right)^{1-D_{\mathrm{cT}\sigma}} \quad (5\text{-}2\text{-}8)$$

与固相骨架集长度公式同理，应力条件下毛细管长度的分形表达式：

$$L_{p\sigma} = \lambda_{c0}^{1-D_{cT\sigma}} L^{D_{cT\sigma}} \left(1 - \frac{\sigma_\lambda}{E}\right)^{1-D_{cT\sigma}} \quad (5-2-9)$$

式中　$L_{p\sigma}$——应力作用下的毛细管长度，m。

2. 应力条件下固相骨架迂曲分形维数表征

将式（5-2-3）、式（5-2-5）和式（5-2-7）同时代入式（5-2-6），多孔介质在应力条件下的骨架集曲迂分形维数可以表示为：

$$D_{cT\sigma} = \log_\alpha \beta \quad (5-2-10)$$

其中

$$\begin{cases} \alpha = \dfrac{L}{\lambda_{c0}\left(1 + \dfrac{\sigma_\lambda}{E}\right)} \\ \beta = \dfrac{\nu E - \sigma_\lambda}{\nu E + \nu \sigma_\lambda}\left(\dfrac{L}{\lambda_{c0}}\right)^{D_{cT0}} \end{cases}$$

式（5-2-10）为应力条件下多孔介质固相骨架曲迂分形维数 $D_{cT\sigma}$ 与径向应力 σ_λ、泊松比 ν 和杨氏模量 E 的函数。$D_{cT\sigma}$ 随着径向应力 σ_λ 的增加而增加，当 $\sigma_\lambda=0$ 时，$D_{cT\sigma}=D_{cT0}$。ν 和 E 的值越大，$D_{cT\sigma}$ 越小。因为当杨氏模量 E 越大，固相骨架越难以被径向压缩，泊松比 ν 越大，固相骨架越难以在轴向伸展，本模型符合实际物理情况。

3. 应力条件下多孔介质截面积

在多孔介质横截面中，选取正三角形区域，如图 5-1-2 所示。应力条件下该区域的面积可由固相骨架直径表示：

$$A_{u\sigma} = \frac{\sqrt{3}}{4}\lambda_{c\sigma}^2 \quad (5-2-11)$$

式中　$A_{u\sigma}$——应力条件下正三角形区域面积，m²。

正三角形区域中，应力条件下的固相骨架集与毛细管束所占面积分别表示：

$$A_{uc\sigma} = \frac{F_c}{2}\lambda_{c\sigma}^2 \quad (5-2-12)$$

$$A_{up\sigma} = F_p \lambda_{p\sigma}^2 \quad (5-2-13)$$

式中　$A_{uc\sigma}$——应力条件下正三角形区域中固相骨架集所占面积，m²；

$A_{\text{up}\sigma}$——应力条件下正三角形区域中毛细管束所占面积，m^2。

应力条件下多孔介质截面积可以表示：

$$A_\sigma = -\int_{\lambda_{\text{cmin}0}}^{\lambda_{\text{cmax}0}} A_{\text{u}\sigma} dN_c \tag{5-2-14}$$

式中 A_σ——应力条件下多孔介质截面积，m^2；

$\lambda_{\text{cmin}0}$——应力为 0 的最小固相骨架直径，m。

将式（5-2-2）、式（5-2-3）与式（5-2-11）同时代入式（5-2-14），可以得到多孔介质截面积的分形表达式：

$$A_\sigma = \frac{\sqrt{3} D_{\text{cf}} \lambda_{\text{cmax}0}^{D_{\text{cf}}}}{4(2-D_{\text{cf}})} \left(\lambda_{\text{cmax}0}^{2-D_{\text{cf}}} - \lambda_{\text{cmin}0}^{2-D_{\text{cf}}} \right) \left(1 - \frac{\sigma_\lambda}{E} \right)^2 \tag{5-2-15}$$

应力条件下多孔介质截面中固相骨架集所占面积可以表示：

$$A_{\text{c}\sigma} = -\int_{\lambda_{\text{cmin}0}}^{\lambda_{\text{cmax}0}} A_{\text{uc}\sigma} dN_c \tag{5-2-16}$$

式中 $A_{\text{c}\sigma}$——应力条件下多孔介质截面中固相骨架集所占面积，m^2。

将式（5-2-2）、式（5-2-3）与式（5-2-12）代入式（5-2-14），可以得到应力条件下多孔介质截面中固相骨架集所占面积的分形表达式：

$$A_{\text{c}\sigma} = \frac{F_{\text{c}} D_{\text{cf}} \lambda_{\text{cmax}0}^{D_{\text{cf}}}}{2(2-D_{\text{cf}})} \left(\lambda_{\text{cmax}0}^{2-D_{\text{cf}}} - \lambda_{\text{cmin}0}^{2-D_{\text{cf}}} \right) \left(1 - \frac{\sigma_\lambda}{E} \right)^2 \tag{5-2-17}$$

应力条件下多孔介质截面中毛细管束所占面积可以表示为：

$$A_{\text{p}\sigma} = -\int_{\lambda_{\text{cmin}0}}^{\lambda_{\text{cmax}0}} A_{\text{up}\sigma} dN_c \tag{5-2-18}$$

式中 $A_{\text{p}\sigma}$——应力条件下多孔介质截面中毛细管束所占面积，m^2。

将式（5-2-2）、式（5-2-3）与式（5-2-13）同时代入式（5-2-14），可以得到应力条件下多孔介质截面积的分形表达式：

$$A_{\text{p}\sigma} = \frac{(\sqrt{3} - 2F_{\text{c}}) D_{\text{cf}} \lambda_{\text{cmax}0}^{D_{\text{cf}}}}{4(2-D_{\text{cf}})} \left(\lambda_{\text{cmax}0}^{2-D_{\text{cf}}} - \lambda_{\text{cmin}0}^{2-D_{\text{cf}}} \right) \left(1 - \frac{\sigma_\lambda}{E} \right)^2 \tag{5-2-19}$$

4. 应力条件下多孔介质体积

应力条件下多孔介质总体积可以表示：

$$V_\sigma = A_\sigma L \tag{5-2-20}$$

式中 V_σ——应力条件下多孔介质体积,m^3。

将式(5-2-15)代入式(5-2-20),可以得到应力条件下多孔介质总体积的分形表达式:

$$V_\sigma = \frac{\sqrt{3}LD_{cf}\lambda_{cmax0}^{D_{cf}}}{4(2-D_{cf})}\left(\lambda_{cmax0}^{2-D_{cf}} - \lambda_{cmin0}^{2-D_{cf}}\right)\left(1-\frac{\sigma_\lambda}{E}\right)^2 \quad (5\text{-}2\text{-}21)$$

应力条件下多孔介质中固相骨架集所占体积可以表示:

$$V_{c\sigma} = -\int_{\lambda_{cmin0}}^{\lambda_{cmax0}} A_{u\sigma}L_{c\sigma}\mathrm{d}N_c \quad (5\text{-}2\text{-}22)$$

式中 $V_{c\sigma}$——应力条件下多孔介质中固相骨架集所占体积,m^3。

将式(5-2-2)、式(5-2-3)、式(5-2-8)与式(5-2-13)代入式(5-2-22),可以得到应力条件下多孔介质中固相骨架集所占体积的分形表达式:

$$V_{c\sigma} = \frac{F_c D_{cf} L^{D_{cT\sigma}} \lambda_{cmax0}^{D_{cf}}}{2(3-D_{cT\sigma}-D_{cf})}\left(\lambda_{cmax0}^{3-D_{cT\sigma}-D_{cf}} - \lambda_{cmin0}^{3-D_{cT\sigma}-D_{cf}}\right)\left(1-\frac{\sigma_\lambda}{E}\right)^{3-D_{cT\sigma}} \quad (5\text{-}2\text{-}23)$$

应力条件下多孔介质中毛细管束所占体积可以表示:

$$V_{p\sigma} = V_\sigma - V_{c\sigma} \quad (5\text{-}2\text{-}24)$$

式中 $V_{p\sigma}$——应力条件下多孔介质中孔隙所占体积,m^3。

将式(5-2-21)和式(5-2-23)同时代入式(5-2-24),可以得到应力条件下多孔介质中孔隙所占体积的分形表达式:

$$V_{p\sigma} = \frac{\sqrt{3}LD_{cf}\lambda_{cmax0}^{D_{cf}}}{4(2-D_{cf})}\left(\lambda_{cmax0}^{2-D_{cf}} - \lambda_{cmin0}^{2-D_{cf}}\right)\left(1-\frac{\sigma_\lambda}{E}\right)^2 - \\ \frac{F_c D_{cf} L^{D_{cT\sigma}} \lambda_{cmax0}^{D_{cf}}}{2(3-D_{cT\sigma}-D_{cf})}\left(\lambda_{cmax0}^{3-D_{cT\sigma}-D_{cf}} - \lambda_{cmin0}^{3-D_{cT\sigma}-D_{cf}}\right)\left(1-\frac{\sigma_\lambda}{E}\right)^{3-D_{cT\sigma}} \quad (5\text{-}2\text{-}25)$$

5. 应力条件下多孔介质孔隙度

基于多孔介质孔隙度定义,应力条件下其表达式为:

$$\phi_\sigma = \frac{V_{p\sigma}}{V_\sigma} \quad (5\text{-}2\text{-}26)$$

式中 ϕ_σ——应力条件下多孔介质孔隙度。

将式(5-2-21)与式(5-2-25)代入式(5-2-26),得到应力条件下多孔介质孔隙度的分形表达式:

$$\phi_\sigma = 1 - \frac{2F_c(2-D_{cf})L^{D_{cT\sigma}-1}\left(\lambda_{cmax0}^{3-D_{cT\sigma}-D_{cf}} - \lambda_{cmin0}^{3-D_{cT\sigma}-D_{cf}}\right)}{\sqrt{3}(3-D_{cT\sigma}-D_{cf})\left(\lambda_{cmax0}^{2-D_{cf}} - \lambda_{cmin0}^{2-D_{cf}}\right)}\left(1-\frac{\sigma_\lambda}{E}\right)^{1-D_{cT\sigma}} \quad (5-2-27)$$

$D_{cT\sigma}$ 由式（5-2-10）计算得到。

式（5-2-27）表示多孔介质孔隙度与分形参数 $D_{cT\sigma}$、D_{cf} 以及应力 σ_λ 的关系。随着固相骨架分形维数 D_{cf} 的增加，应力条件下多孔介质的孔隙度 ϕ_σ 减小，其原因在于固相骨架分形维数 D_{cf} 的增加，导致固相骨架数量与体积的增加和孔隙体积的减少。当 D_{cf} 趋于 0 时，孔隙度 ϕ_σ 接近其最大值，即多孔介质完全被孔隙占据；当 D_{cf} 趋于 2 时，ϕ_σ 接近 0，表明多孔介质完全被骨架占据。随着固相骨架分形维数 $D_{cT\sigma}$ 的增加，多孔介质的孔隙度 ϕ_σ 增大，其原因在于固相骨架迂曲分形维数 $D_{cT\sigma}$ 的增加，导致固相骨架长度的缩短及固相骨架体积的减小。当 $D_{cT\sigma}$ 趋于 1 时，孔隙度 ϕ_σ 接近其最大值；当 $D_{cT\sigma}$ 趋于 2 时，孔隙度 ϕ_σ 接近其最小值，表明多孔介质中固相骨架占据了多孔介质内大部分空间。由于 $D_{cT\sigma}$ 随应力 σ_λ 的增加而增加，应力 σ_λ 的增大加剧了 $D_{cT\sigma}$ 对孔隙度 ϕ_σ 的影响。多孔介质孔隙度与分形参数 $D_{cT\sigma}$、D_{cf} 以及应力 σ_λ 关系与实际渗流情况一致。

令式（5-2-27）中 $\sigma_\lambda=0$，则式（5-2-27）可表示：

$$\phi_0 = 1 - \frac{2F_c(2-D_{cf})L^{D_{cT0}-1}\left(\lambda_{cmax0}^{3-D_{cT0}-D_{cf}} - \lambda_{cmin0}^{3-D_{cT0}-D_{cf}}\right)}{\sqrt{3}(3-D_{cT0}-D_{cf})\left(\lambda_{cmax0}^{2-D_{cf}} - \lambda_{cmin0}^{2-D_{cf}}\right)} \quad (5-2-28)$$

式中 ϕ_0——应力为 0 的多孔介质孔隙度。

式（5-2-28）中多孔介质孔隙度 ϕ_0 表达式与不考虑应力敏感孔隙度表达式一致。

定义归一化孔隙度 ϕ^+ 为应力条件下孔隙度 ϕ_σ 与应力为 0 孔隙度 ϕ_0 的比值，其表达式：

$$\phi^+ = \frac{\phi_\sigma}{\phi_0} \quad (5-2-29)$$

式中 ϕ^+——归一化多孔介质孔隙度。

6. 应力条件下多孔介质渗透率

基于毛细管束模型，应力条件下通过单根直径为 λ_σ 毛细管的流量 q_σ 可以描述：

$$q_\sigma = k\frac{\pi \lambda_{p\sigma}^4 \Delta p}{128\mu L_{p\sigma}} \quad (5-2-30)$$

式中 q_σ——应力条件下单根毛细管的流量，m^3/s。

多孔介质中所有毛细管流体的流量相加即为流经该多孔介质中的流体流量。应力条件下流经多孔介质的流体流量为最小固相骨架相邻毛细管流量至最大固相骨架相邻毛细管流

量之和,可以表示:

$$Q_\sigma = \int_{\lambda_{cmin0}}^{\lambda_{cmax0}} q_\sigma dN_c \qquad (5\text{-}2\text{-}31)$$

式中　Q_σ——应力条件下多孔介质中流过的流体流量,m³/s。

将式(5-1-7)与式(5-2-30)代入式(5-2-31),可以得到应力条件下流经多孔介质流量的分形表达式:

$$Q_\sigma = \frac{\pi k D_{cf} \Delta p \lambda_{cmax0}^{3+D_{cT\sigma}} (\sqrt{3}-2F_c)^2}{2^{11} \mu (3+D_{cT\sigma}-D_{cf}) F_p^2 L^{D_{cT\sigma}}} \left(1-\frac{\sigma_\lambda}{E}\right)^{3-D_{cT\sigma}} \left[1-\left(\frac{\lambda_{cmin0}}{\lambda_{cmax0}}\right)^{3+D_{cT\sigma}-D_{cf}}\right] \qquad (5\text{-}2\text{-}32)$$

由于 $1<D_{c\sigma T}<2$,$0<D_{cf}<2$,则表达式 $3+D_{c\sigma T}-D_{cf}>1$,通常 $\lambda_{cmin0}/\lambda_{cmax0}<10^{-2}$,由此得到 $(\lambda_{cmin0}/\lambda_{cmax0})^{3+D_{c\sigma T}-D_{cf}} \ll 1$,式(5-2-32)可以简化:

$$Q_\sigma = \frac{\pi k D_{cf} \Delta p \lambda_{cmax0}^{3+D_{cT\sigma}} (\sqrt{3}-2F_c)^2}{2^{11} \mu (3+D_{cT\sigma}-D_{cf}) F_p^2 L^{D_{cT\sigma}}} \left(1-\frac{\sigma_\lambda}{E}\right)^{3+D_{cT\sigma}} \qquad (5\text{-}2\text{-}33)$$

由达西定律可得应力条件下多孔介质下的渗透率表达式:

$$K_\sigma = \frac{Q_\sigma \mu L}{A_\sigma \Delta p} \qquad (5\text{-}2\text{-}34)$$

式中　K_σ——多孔介质在应力条件下的渗透率,m²。

将式(5-2-14)与式(5-2-32)代入式(5-2-34),可以得到应力条件下多孔介质渗透率的分形表达式:

$$K_\sigma = \frac{\pi k(2-D_{cf})(\sqrt{3}-2F_c)^2 \lambda_{cmax0}^{D_{cf}} \left(\lambda_{cmax}^{3+D_{cT}-D_{cf}} - \lambda_{cmin}^{3+D_{cT}-D_{cf}}\right)}{2^9 \sqrt{3}(3+D_{cT\sigma}-D_{cf})\left(\lambda_{cmax0}^{2-D_{cf}} - \lambda_{cmin0}^{2-D_{cf}}\right) F_p^2 L_\sigma^{D_{cT\sigma}-1}} \left(1-\frac{\sigma_\lambda}{E}\right)^{1+D_{cT\sigma}} \qquad (5\text{-}2\text{-}35)$$

式(5-2-35)表示多孔介质渗透率与分形维数 $D_{cT\sigma}$、D_{cf} 以及应力 σ_λ 的关系。随着固相骨架分形维数 D_{cf} 的增加,多孔介质的渗透率 K_σ 减小,其原因在于固相骨架分形维数 D_{cf} 的增加,导致固相骨架数量的增加以及多孔介质截面中流动空间和孔隙减少。当 D_{cf} 趋于 0 时,渗透率 K_σ 接近其最大值,即多孔介质完全被孔隙占据;当 D_{cf} 趋于 2 时,K_σ 接近 0,表明多孔介质完全被骨架占据。随着固相骨架分形维数 D_{cT} 的增加,多孔介质的渗透率 K_σ 增大,其原因在于固相骨架迂曲分形维数 D_{cT} 的增加,导致固相骨架长度的缩短以及多孔介质中流体渗流路径的缩短。当 D_{cT} 趋于 1 时,K_σ 接近其最大值,即多孔介质中流体沿直线渗流;当 D_{cT} 趋于 2 时,渗透率 K_σ 接近其最小值,表明多孔介质中流体渗流路径极其复杂。由于 $D_{cT\sigma}$ 随应力 σ_λ 的增加而增加,应力 σ_λ 的增大加剧了 $D_{cT\sigma}$ 对渗透率

ϕ_σ 的影响。多孔介质渗透率与分形维数 $D_{cT\sigma}$、D_{cf} 以及应力 σ_λ 关系与实际渗流情况一致。

令式（5-2-35）中 $\sigma_\lambda=0$，则式（5-2-35）可表示：

$$K_{\sigma 0} = \frac{\pi k \left(2-D_{cf}\right)\left(\sqrt{3}-2F_c\right)^2 \lambda_{cmax0}^{3+D_{cT0}-D_{cf}}}{2^9 \sqrt{3}\left(3+D_{cT0}-D_{cf}\right)\left(\lambda_{cmax0}^{2-D_{cf}} - \lambda_{cmin0}^{2-D_{cf}}\right) F_p^2 L_\sigma^{D_{cT0}-1}} \left(1-\frac{\sigma_\lambda}{E}\right)^{1+D_{cT0}} \quad （5-2-36）$$

式中 $K_{\sigma 0}$——应力为 0 的多孔介质渗透率，m^2。

式（5-2-36）中多孔介质渗透率 $K_{\sigma 0}$ 表达式与不考虑应力敏感渗透率表达式一致。

定义归一化渗透率 K_σ^+ 为应力条件下渗透率 K_σ 与应力为 0 渗透率 $K_{\sigma 0}$ 的比值，其表达式为：

$$K_\sigma^+ = \frac{K_\sigma}{K_{\sigma 0}} \quad （5-2-37）$$

式中 K_σ^+——应力敏感影响的归一化多孔介质渗透率。

三、实例分析

为了验证多孔介质固相分形应力敏感渗流模型的正确性，收集了前人测试的多孔介质归一化渗透率 K_σ^+ 随有效应力 σ_{eff} 变化的实验数据。本节推导的多孔介质固相分形应力敏感渗流模型使用的多孔介质力学参数取值为：$E=2.79\text{-}4.76\times 10^9$ Pa，$\nu=0.08\text{-}0.22$，其他相关参数为：$\phi=0.1$，$k=1$，$F_p=\pi/4$，$F_c=\pi/4$，$\sigma_{eff}=\sigma_\lambda$。如图 5-2-3 所示，将多孔介质固相分形应力敏感渗流模型的预测值与已有的实验数据进行了比较。图 5-2-3 绘制了有效应力在 $0\sim 120\times 10^6$ Pa 归一化渗透率的实验值。样本 1~6 来自 Chierici 等人的研究，其标记为实心点；样本 7~12 来自 Yale 的论文，标记为空心点；样本 13~15 来自 Hsu 的结论，标记为半实心点[82]。图中两条实线表示本文推导出的模型计算出的归一化渗透率，其杨氏模量和泊松比取最大和最小两组定值。可以看出，几乎所有的实验数据都位于两条线之间，绝大多数实验数据分布在中间区域，即预测数据的最大值和最小值之间。

图 5-2-4 和图 5-2-5 分别显示了不同杨氏模量 E、泊松比 ν 等力学参数影响下有效应力与多孔介质归一化渗透率 K_σ^+ 的关系。从图 5-2-4 中可看出，当有效应力 σ_{eff} 增大时，K_σ^+ 逐渐减小。同时，随着有效应力 σ_{eff} 的增加，孔隙空间减小，流动孔径增大，骨架集弯曲分形维数减小，这表明毛细管束截面面积有所减小。然后，随着有效应力值的增加，流动阻力增大，在应力作用下渗透率降低，所以多孔介质的归一化渗透率 K_σ^+ 总是小于 1。图 5-2-5 表明，随着 E 增大，K_σ^+ 增大。有两个原因造成了这种现象。一个是拥有较大杨氏模量 E 的骨架集具有较高的抗压强度，另一个是随着杨氏模量 E 的增加，多孔介质的孔隙空间变得更难以压缩。从图 5-2-3 中也可以看出 K_σ^+ 随着泊松比 ν 的增加而增加。

这可以解释为当泊松比增加时，多孔介质骨架集曲折分形维数 $D_{cT\sigma}$ 变得不易增加。综合图 5-2-4 与图 5-2-5 分析，应力条件下多孔介质的渗透率随杨氏模量 E 和泊松比 ν 的增大而增大。

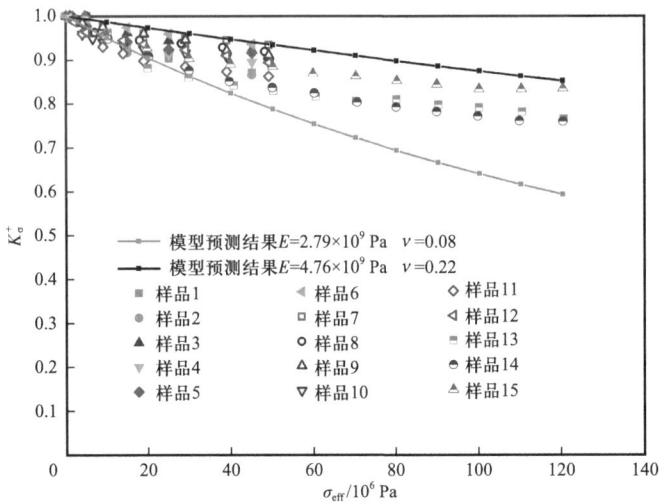

图 5-2-3　多孔介质渗透率预测值与实验值

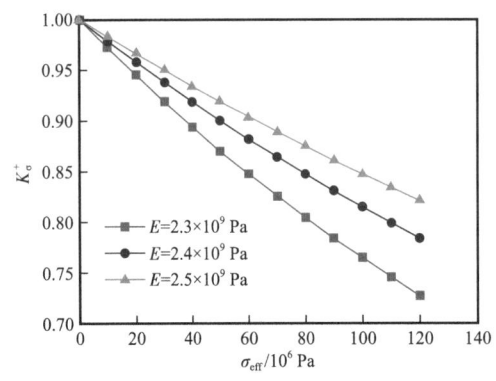 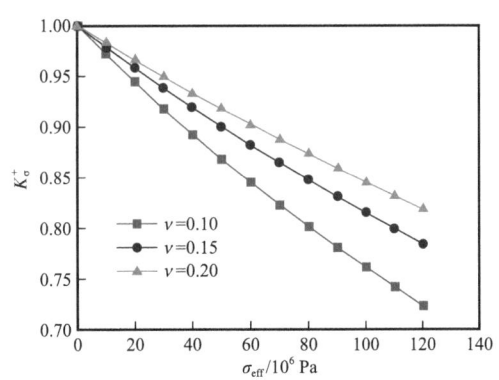

图 5-2-4　不同杨氏模量有效应力与多孔　　图 5-2-5　不同泊松比有效应力与多孔介质
　　　　　　介质渗透率关系　　　　　　　　　　　　　　　　渗透率关系

第三节　多孔介质固相分形两相渗流模型

基于多孔介质固相分形渗流基本模型，考虑润湿相与非润湿相流体同时占据多孔介质孔隙的情况，结合多孔介质两相渗流理论，推导了多孔介质固相分形两相渗流模型。通过使用本论文实测数据验证了本节模型推导的准确性。

一、物理模型

基于多孔介质固相分形渗流基本模型，多孔介质由一组弯曲的固相骨架集及骨架集间隙的毛细管束构成。多孔介质中润湿相与非润湿相流体同时占据孔隙，润湿相流体由于其润湿性附着固体骨架表面，非润湿相流体占据润湿相流体以外的孔隙空间，如图 5-3-1 所示。本模型的假设条件如下：不考虑重力和毛细管力对模型的影响，渗流过程中温度不随距离变化，压力变化不影响渗透率等参数。

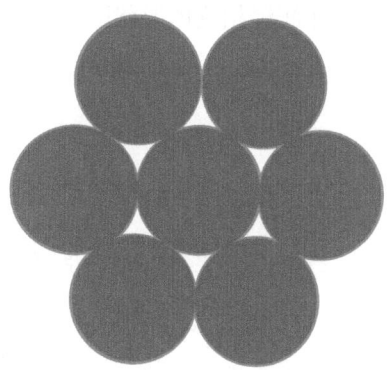

图 5-3-1 多孔介质截面内的润湿、非润湿流体示意图

二、数学模型

1. 两相渗流下固相骨架与毛细管的关系

为了分析两相渗流下多孔介质模型中固相骨架集与毛细管束的关系，在多孔介质的截面中，选取正三角形区域，如图 5-3-2 所示。

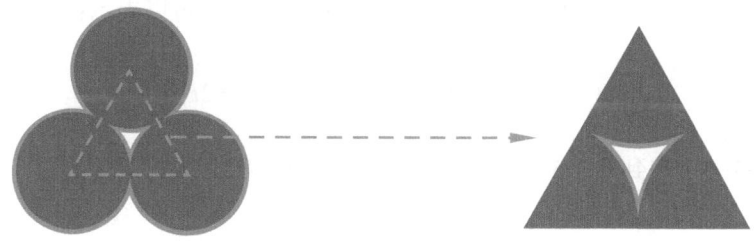

图 5-3-2 两相渗流下多孔介质截面的正三角形区域

正三角形区域面积可由式（5-1-1）表示，固相骨架集占面积可由式（5-1-2）表示。正三角形区域中流体非润湿相所占面积可以表示：

$$A_{\mathrm{un}} = F_{\mathrm{n}} \lambda_{\mathrm{n}}^{2} \qquad (5\text{-}3\text{-}1)$$

式中 A_{un}——正三角形区域中流体非润湿相所占面积，m^2；

F_{n}——非润湿相流体形状因子；

λ_{n}——正三角形区域中流体非润湿相等效直径，m。

正三角形区域中流体非润湿相所占面积可以由流体润湿相液膜厚度表示：

$$A_{\mathrm{un}} = F_{\mathrm{p}} \left(\lambda_{\mathrm{p}} - 2\delta \right)^{2} \qquad (5\text{-}3\text{-}2)$$

式中 δ——流体润湿相液膜厚度，m。

非润湿相流体形状因子 F_n = 毛细管束形状因子 F_p，将式（5-1-5）和式（5-3-1）同时代入式（5-3-2），得到正三角形区域中流体非润湿相等效直径的表达式：

$$\lambda_n = \sqrt{\frac{\sqrt{3}-2F_c}{4F_p}}\lambda_c - 2\delta \qquad (5\text{-}3\text{-}3)$$

正三角形区域中流体非润湿相所占面积可以由固相骨架直径表示：

$$A_{un} = F_p\left(\sqrt{\frac{\sqrt{3}-2F_c}{4F_p}}\lambda_c - 2\delta\right)^2 \qquad (5\text{-}3\text{-}4)$$

若使用润湿相流体等效直径表征正三角形区域中流体润湿相所占面积，则该表达式：

$$A_{uw} = F_w \lambda_w^2 \qquad (5\text{-}3\text{-}5)$$

式中　A_{uw}——正三角形区域中流体润湿相所占面积，m^2；

　　　F_w——润湿相流体形状因子；

　　　λ_w——润湿相流体等效直径，m。

由图 5-3-2 可知，正三角形区域中流体润湿相所占面积可以表示：

$$A_{uw} = \frac{F_c}{2}(\lambda_c+2\delta)^2 - \frac{F_c}{2}\lambda_c^2 = 2F_c\lambda_c\delta + 2F_c\delta^2 \qquad (5\text{-}3\text{-}6)$$

将式（5-3-5）代到式（5-3-6）中，得到润湿相等效直径的表达式：

$$\lambda_w = \sqrt{2\frac{F_c}{F_w}(\lambda_c\delta+\delta^2)} \qquad (5\text{-}3\text{-}7)$$

对于两相渗流模型，正三角形区域孔隙面积为流体润湿相与非润湿相所占面积之和：

$$A_{up} = A_{un} + A_{uw} \qquad (5\text{-}3\text{-}8)$$

当正三角形区域孔隙面积被流体非润湿相充满，即：

$$A_{up} = A_{un} \qquad (5\text{-}3\text{-}9)$$

此时流体润湿相液膜厚度为零，非润湿相流体形状因子与毛细管束形状因子相同，即 $\delta=0$，$F_n=F_c$，则非润湿相毛细管直径与孔隙直径一致：

$$\lambda_n = \sqrt{\frac{(\sqrt{3}-2F_c)}{4F_p}}\lambda_c \qquad (5\text{-}3\text{-}10)$$

当正三角形区域孔隙面积被流体润湿相充满，即：

$$A_{\text{up}} = A_{\text{uw}} \qquad (5\text{-}3\text{-}11)$$

将式（5-1-1）至式（5-1-4）与式（5-3-6）代入式（5-3-11），得到流体润湿相充满时流体润湿相液膜厚度的表达式：

$$\delta = \left(\sqrt{\frac{\sqrt{3}}{8F_c}} - \frac{1}{2} \right) \lambda_c \qquad (5\text{-}3\text{-}12)$$

2. 两相渗流下多孔介质截面积

两相渗流下多孔介质截面积、固相骨架集所占面积、毛细管束所占面积与单相渗流一致，其表达式分别为式（5-1-11）、式（5-1-13）与式（5-1-15）。

两相渗流下流体润湿相所占截面积可以表示：

$$A_{\text{w}} = -\int_{\lambda_{\text{cmin}}}^{\lambda_{\text{cmax}}} A_{\text{uw}} \, dN_c \qquad (5\text{-}3\text{-}13)$$

式中 A_{w}——润湿相所占截面积，m^2。

将式（5-1-7）与式（5-3-6）同时代入式（5-3-13），可以两相渗流下流体润湿相所占截面积的分形表达式：

$$A_{\text{w}} = \frac{2F_c \delta D_{\text{cf}} \lambda_{\text{cmax}}^{D_{\text{cf}}}}{1 - D_{\text{cf}}} \left(\lambda_{\text{cmax}}^{1-D_{\text{cf}}} - \lambda_{\text{cmin}}^{1-D_{\text{cf}}} \right) - 2F_c \delta^2 \lambda_{\text{cmax}}^{D_{\text{cf}}} \left(\lambda_{\text{cmin}}^{-D_{\text{cf}}} - \lambda_{\text{cmax}}^{-D_{\text{cf}}} \right) \qquad (5\text{-}3\text{-}14)$$

两相渗流下流体非润湿相所占截面积可以表示：

$$A_{\text{n}} = -\int_{\lambda_{\text{cmin}}}^{\lambda_{\text{cmax}}} A_{\text{un}} \, dN_c \qquad (5\text{-}3\text{-}15)$$

式中 A_{n}——非润湿相所占截面积，m^2。

将式（5-1-7）与式（5-3-4）代入式（5-3-15），可以两相渗流下流体非润湿相所占截面积的分形表达式：

$$\begin{aligned} A_{\text{n}} = & \frac{\left(\sqrt{3} - 2F_c \right) D_{\text{cf}} \lambda_{\text{cmax}}^{D_{\text{cf}}}}{4(2 - D_{\text{cf}})} \left(\lambda_{\text{cmax}}^{2-D_{\text{cf}}} - \lambda_{\text{cmin}}^{2-D_{\text{cf}}} \right) - \\ & \frac{2 D_{\text{cf}} \lambda_{\text{cmax}}^{D_{\text{cf}}}}{1 - D_{\text{cf}}} \sqrt{F_p \left(\sqrt{3} - 2F_c \right)} \left(\lambda_{\text{cmin}}^{1-D_{\text{cf}}} - \lambda_{\text{cmax}}^{1-D_{\text{cf}}} \right) \delta - \\ & 4 F_p \lambda_{\text{cmax}}^{D_{\text{cf}}} \left(\lambda_{\text{cmin}}^{-D_{\text{cf}}} - \lambda_{\text{cmax}}^{-D_{\text{cf}}} \right) \delta^2 \end{aligned} \qquad (5\text{-}3\text{-}16)$$

3. 两相渗流下多孔介质体积

两相渗流下多孔介质体积、固体骨架集所占体积、毛细管束所占体积与单相渗流一致，其表达式分别为式（5-1-17）、式（5-1-20）与式（5-1-22）。

多孔介质中流体润湿相所占体积可以表示：

$$V_w = -\int_{\lambda_{cmin}}^{\lambda_{cmax}} A_{uw} L_c dN_c \qquad (5\text{-}3\text{-}17)$$

式中 V_w——多孔介质中流体润湿相所占体积，m^3。

将式（5-1-7）、式（5-1-8）与式（5-3-6）同时代入式（5-3-17），可以得到两相渗流下流体润湿相所占体积的分形表达式：

$$V_w = \frac{2F_c D_{cf} \delta L^{D_{cT}} \lambda_{cmax}^{D_{cf}}}{2-D_{cT}-D_{cf}}\left(\lambda_{cmax}^{2-D_{cT}-D_{cf}} - \lambda_{cmin}^{2-D_{cT}-D_{cf}}\right) + \\ \frac{2F_c D_{cf} \delta^2 L^{D_{cT}} \lambda_{cmax}^{D_{cf}}}{1-D_{cT}-D_{cf}}\left(\lambda_{cmax}^{1-D_{cT}-D_{cf}} - \lambda_{cmin}^{1-D_{cT}-D_{cf}}\right) \qquad (5\text{-}3\text{-}18)$$

两相渗流下流体非润湿相所占体积可以表示：

$$V_n = -\int_{\lambda_{cmin}}^{\lambda_{cmax}} A_{un} L_c dN_c \qquad (5\text{-}3\text{-}19)$$

式中 V_n——多孔介质中流体非润湿相所占体积，m^3。

将式（5-1-7）、式（5-1-8）与式（5-3-4）同时代入式（5-3-19），可以得到两相渗流条件下流体非润湿相所占体积的分形表达式：

$$V_n = \frac{D_{cf} L^{D_{cT}} \lambda_{cmax}^{D_{cf}} \left(\sqrt{3}-2F_c\right)}{4(3-D_{cT}-D_{cf})}\left(\lambda_{cmax}^{3-D_{cT}-D_{cf}} - \lambda_{cmin}^{3-D_{cT}-D_{cf}}\right) - \\ \frac{2D_{cf} \delta L^{D_{cT}} \lambda_{cmax}^{D_{cf}}}{2-D_{cT}-D_{cf}}\sqrt{\frac{\sqrt{3}-2F_c}{F_p}}\left(\lambda_{cmax}^{2-D_{cT}-D_{cf}} - \lambda_{cmin}^{2-D_{cT}-D_{cf}}\right) - \\ \frac{4D_{cf} \delta^2 L^{D_{cT}} \lambda_{cmax}^{D_{cf}}}{1-D_{cT}-D_{cf}}\left(\lambda_{cmax}^{1-D_{cT}-D_{cf}} - \lambda_{cmin}^{1-D_{cT}-D_{cf}}\right) \qquad (5\text{-}3\text{-}20)$$

4. 两相渗流下流体饱和度

基于多孔介质流体润湿相饱和度定义，其表达式：

$$S_w = \frac{V_w}{V_p} \qquad (5\text{-}3\text{-}21)$$

式中 S_w——流体润湿相在多孔介质中的饱和度。

将式（5-1-22）与式（5-3-18）代入式（5-3-21），得到两相渗流条件下多孔介质流体润湿相饱和度的分形表达式：

$$S_{\mathrm{w}} = \frac{\dfrac{2F_{\mathrm{c}}D_{\mathrm{cf}}\delta L^{D_{\mathrm{cT}}}\lambda_{\mathrm{cmax}}^{D_{\mathrm{cf}}}}{2-D_{\mathrm{cT}}-D_{\mathrm{cf}}}\left(\lambda_{\mathrm{cmax}}^{2-D_{\mathrm{cT}}-D_{\mathrm{cf}}}-\lambda_{\mathrm{cmin}}^{2-D_{\mathrm{cT}}-D_{\mathrm{cf}}}\right)+\dfrac{2F_{\mathrm{c}}D_{\mathrm{cf}}\delta^{2}L^{D_{\mathrm{cT}}}\lambda_{\mathrm{cmax}}^{D_{\mathrm{cf}}}}{1-D_{\mathrm{cT}}-D_{\mathrm{cf}}}\left(\lambda_{\mathrm{cmax}}^{1-D_{\mathrm{cT}}-D_{\mathrm{cf}}}-\lambda_{\mathrm{cmin}}^{1-D_{\mathrm{cT}}-D_{\mathrm{cf}}}\right)}{\dfrac{\sqrt{3}LD_{\mathrm{cf}}\lambda_{\mathrm{cmax}}^{D_{\mathrm{cf}}}}{4(2-D_{\mathrm{cf}})}\left(\lambda_{\mathrm{cmax}}^{2-D_{\mathrm{cf}}}-\lambda_{\mathrm{cmin}}^{2-D_{\mathrm{cf}}}\right)-\dfrac{F_{\mathrm{c}}D_{\mathrm{cf}}L^{D_{\mathrm{cT}}}\lambda_{\mathrm{cmax}}^{D_{\mathrm{cf}}}}{2(3-D_{\mathrm{cT}}-D_{\mathrm{cf}})}\left(\lambda_{\mathrm{cmax}}^{3-D_{\mathrm{cT}}-D_{\mathrm{cf}}}-\lambda_{\mathrm{cmin}}^{3-D_{\mathrm{cT}}-D_{\mathrm{cf}}}\right)}$$

(5-3-22)

5. 两相渗流下多孔介质渗透率

两相渗流下多孔介质绝对渗透率的表达式与单相渗流一致，其表达式为式（5-1-31）。

对于两相渗流情况，基于毛细管束模型，通过单根毛细管的润湿相流体流量 q_{w} 可以描述：

$$q_{\mathrm{w}} = \frac{\pi k_{\mathrm{w}}\lambda_{\mathrm{w}}^{4}\Delta p}{128\mu_{\mathrm{w}}L_{\mathrm{p}}}$$

（5-3-23）

式中　q_{w}——单根毛细管的润湿相流体流量，m³/s；

　　　k_{w}——润湿相流体流动几何系数；

　　　μ_{w}——润湿相流体黏度，Pa·s。

由式（5-3-7）可知，式（5-3-23）中 λ_{w}^{4} 可以表示：

$$\lambda_{\mathrm{w}}^{4} = 4\frac{F_{\mathrm{c}}^{2}}{F_{\mathrm{w}}^{2}}\left(\lambda_{\mathrm{c}}^{2}\delta^{2}+\lambda_{\mathrm{c}}\delta^{3}+\delta^{4}\right)$$

（5-3-24）

由毛细管束模型定义，流经多孔介质的润湿相流体流量为多孔介质内各毛细管润湿相流体流量之和，其表达式可以表示：

$$Q_{\mathrm{w}} = \int_{\lambda_{\mathrm{cmin}}}^{\lambda_{\mathrm{cmax}}}q_{\mathrm{w}}\mathrm{d}N_{\mathrm{c}}$$

（5-3-25）

式中　Q_{w}——润湿相流体在多孔介质中流经的流量，m³/s。

将式（5-1-7）与式（5-3-23）代入式（5-3-25），可以得到流经多孔介质流量的分形表达式：

$$Q_{\mathrm{w}} = \frac{\pi kD_{\mathrm{cf}}\Delta p F_{\mathrm{c}}^{2}\lambda_{\mathrm{cmax}}^{D_{\mathrm{cf}}}}{32\mu_{\mathrm{w}}F_{\mathrm{w}}^{2}L^{D_{\mathrm{cT}}}}\times\left(\frac{\lambda_{\mathrm{cmax}}^{1+D_{\mathrm{cT}}-D_{\mathrm{cf}}}-\lambda_{\mathrm{cmin}}^{1+D_{\mathrm{cT}}-D_{\mathrm{cf}}}}{1+D_{\mathrm{cT}}-D_{\mathrm{cf}}}\delta^{2}+\frac{\lambda_{\mathrm{cmax}}^{D_{\mathrm{cT}}-D_{\mathrm{cf}}}-\lambda_{\mathrm{cmin}}^{D_{\mathrm{cT}}-D_{\mathrm{cf}}}}{D_{\mathrm{cT}}-D_{\mathrm{cf}}}\delta^{3}+\frac{\lambda_{\mathrm{cmax}}^{-1+D_{\mathrm{cT}}-D_{\mathrm{cf}}}-\lambda_{\mathrm{cmin}}^{-1+D_{\mathrm{cT}}-D_{\mathrm{cf}}}}{-1+D_{\mathrm{cT}}-D_{\mathrm{cf}}}\delta^{4}\right)$$

（5-3-26）

由两相渗流下润湿相多孔介质渗透率表达式：

$$K_{\mathrm{w}} = \frac{Q_{\mathrm{w}}\mu_{\mathrm{w}}L}{A\Delta p}$$

（5-3-27）

式中 K_w——多孔介质润湿相渗透率，m^2。

将式（5-3-26）代入式（5-3-27），可以得到多孔介质润湿相渗透率的分形表达式：

$$K_w = \frac{\pi k_w (2-D_{cf}) F_c^2}{8\sqrt{3}\left(\lambda_{cmax}^{2-D_{cf}} - \lambda_{cmin}^{2-D_{cf}}\right) F_w^2 L^{D_{cT}-1}} \times \left(\frac{\lambda_{cmax}^{1+D_{cT}-D_{cf}} - \lambda_{cmin}^{1+D_{cT}-D_{cf}}}{1+D_{cT}-D_{cf}} \delta^2 + \frac{\lambda_{cmax}^{D_{cT}-D_{cf}} - \lambda_{cmin}^{D_{cT}-D_{cf}}}{D_{cT}-D_{cf}} \delta^3 + \right.$$

$$\left. \frac{\lambda_{cmax}^{-1+D_{cT}-D_{cf}} - \lambda_{cmin}^{-1+D_{cT}-D_{cf}}}{-1+D_{cT}-D_{cf}} \delta^4 \right)$$

（5-3-28）

多孔介质润湿相相对渗透率的表达式：

$$K_{rw} = \frac{K_w}{K}$$

（5-3-29）

式中 K_{rw}——多孔介质润湿相相对渗透率。

将式（5-3-28）代入式（5-3-29），可以得到多孔介质润湿相相对渗透率的分形表达式：

$$K_{rw} = \frac{2^6 k_w (3+D_{cT}-D_{cf}) F_p^2 F_c^2}{k F_w^2 \left(\sqrt{3}-2F_c\right)^2 \lambda_{cmax}^{3+D_{cT}-D_{cf}}} \times \left(\frac{\lambda_{cmax}^{1+D_{cT}-D_{cf}} - \lambda_{cmin}^{1+D_{cT}-D_{cf}}}{1+D_{cT}-D_{cf}} \delta^2 + \frac{\lambda_{cmax}^{D_{cT}-D_{cf}} - \lambda_{cmin}^{D_{cT}-D_{cf}}}{D_{cT}-D_{cf}} \delta^3 + \right.$$

$$\left. \frac{\lambda_{cmax}^{-1+D_{cT}-D_{cf}} - \lambda_{cmin}^{-1+D_{cT}-D_{cf}}}{-1+D_{cT}-D_{cf}} \delta^4 \right)$$

（5-3-30）

同理，通过单根毛细管的非润湿相流体流量 q_n 可以描述：

$$q_n = \frac{\pi k_n \lambda_n^4 \Delta p}{128 \mu_n L_p}$$

（5-3-31）

式中 q_n——单根毛细管的非润湿相流体流量，m^3/s；

k_n——非润湿相流体流动几何系数；

μ_n——非润湿相流体黏度，$Pa \cdot s$。

由式（5-3-7）可知，式（5-3-21）中 λ_n^4 可以表示：

$$\lambda_n^4 = \left(\frac{\sqrt{3}-2F_c}{4F_p}\right)^2 \lambda_c^4 - 16\left(\frac{\sqrt{3}-2F_c}{4F_p}\right)^{\frac{3}{2}} \lambda_c^3 \delta + 24\left(\frac{\sqrt{3}-2F_c}{4F_p}\right) \lambda_c^2 \delta^2 - 32\left(\frac{\sqrt{3}-2F_c}{4F_p}\right)^{\frac{1}{2}} \lambda_c \delta^3 + 16\delta^4$$

（5-3-32）

由毛细管束模型定义，流经多孔介质的非润湿相流体流量为多孔介质内各毛细管非润湿相流体流量之和，其表达式可以表示：

$$Q_n = \int_{\lambda_{cmin}}^{\lambda_{cmax}} q_n \, dN_c \tag{5-3-33}$$

式中 Q_n——非润湿相流体在多孔介质中流经的流量，m³/s。

将式（5-1-7）与式（5-3-32）代入式（5-3-33），可以得到流经多孔介质流量的分形表达式：

$$\begin{aligned}
Q_n = &\frac{\pi k_n D_{cf} \Delta p F_p^2 \lambda_{cmax}^{D_{cf}}}{128 \mu_n F_n^2 L^{D_{cT}}} \times \left[\left(\frac{\sqrt{3}-2F_c}{4F_p}\right)^2 \frac{\lambda_{cmax}^{3+D_{cT}-D_{cf}} - \lambda_{cmin}^{3+D_{cT}-D_{cf}}}{3+D_{cT}-D_{cf}} - 16\left(\frac{\sqrt{3}-2F_c}{4F_p}\right)^{\frac{3}{2}} \times \right. \\
&\frac{\lambda_{cmax}^{2+D_{cT}-D_{cf}} - \lambda_{cmin}^{2+D_{cT}-D_{cf}}}{2+D_{cT}-D_{cf}} \delta + 24 \left(\frac{\sqrt{3}-2F_c}{4F_p}\right) \frac{\lambda_{cmax}^{1+D_{cT}-D_{cf}} - \lambda_{cmin}^{1+D_{cT}-D_{cf}}}{1+D_{cT}-D_{cf}} \delta^2 - \\
&\left. 32 \left(\frac{\sqrt{3}-2F_c}{4F_p}\right)^{\frac{1}{2}} \frac{\lambda_{cmax}^{D_{cT}-D_{cf}} - \lambda_{cmin}^{D_{cT}-D_{cf}}}{D_{cT}-D_{cf}} \delta^3 + 16 \frac{\lambda_{cmax}^{-1+D_{cT}-D_{cf}} - \lambda_{cmin}^{-1+D_{cT}-D_{cf}}}{-1+D_{cT}-D_{cf}} \delta^4 \right]
\end{aligned} \tag{5-3-34}$$

由两相渗流下非润湿相多孔介质渗透率表达式：

$$K_n = \frac{Q_n \mu_n L}{A \Delta p} \tag{5-3-35}$$

式中 K_n——非润湿相多孔介质的渗透率，m²。

将式（5-1-11）与式（5-1-28）代入式（5-1-29），可以得到多孔介质非润湿相渗透率的分形表达式：

$$\begin{aligned}
K_n = &\frac{\pi k_n (2-D_{cf}) F_p^2}{32\sqrt{3}\left(\lambda_{cmax}^{2-D_{cf}} - \lambda_{cmin}^{2-D_{cf}}\right) F_n^2 L^{D_{cT}-1}} \times \left[\left(\frac{\sqrt{3}-2F_c}{4F_p}\right)^2 \frac{\lambda_{cmax}^{3+D_{cT}-D_{cf}} - \lambda_{cmin}^{3+D_{cT}-D_{cf}}}{3+D_{cT}-D_{cf}} - 16\left(\frac{\sqrt{3}-2F_c}{4F_p}\right)^{\frac{3}{2}} \times \right. \\
&\frac{\lambda_{cmax}^{2+D_{cT}-D_{cf}} - \lambda_{cmin}^{2+D_{cT}-D_{cf}}}{2+D_{cT}-D_{cf}} \delta + 24 \left(\frac{\sqrt{3}-2F_c}{4F_p}\right) \frac{\lambda_{cmax}^{1+D_{cT}-D_{cf}} - \lambda_{cmin}^{1+D_{cT}-D_{cf}}}{1+D_{cT}-D_{cf}} \delta^2 - \\
&\left. 32 \left(\frac{\sqrt{3}-2F_c}{4F_p}\right)^{\frac{1}{2}} \frac{\lambda_{cmax}^{D_{cT}-D_{cf}} - \lambda_{cmin}^{D_{cT}-D_{cf}}}{D_{cT}-D_{cf}} \delta^3 + 16 \frac{\lambda_{cmax}^{-1+D_{cT}-D_{cf}} - \lambda_{cmin}^{-1+D_{cT}-D_{cf}}}{-1+D_{cT}-D_{cf}} \delta^4 \right]
\end{aligned} \tag{5-3-36}$$

非润湿相在多孔介质中的相对渗透率的表达式：

$$K_{rn} = \frac{K_n}{K} \tag{5-3-37}$$

式中 K_rn——多孔介质非润湿相相对渗透率。

将式（5-3-36）代入式（5-3-37），可以得到多孔介质非润湿相渗透率的分形表达式：

$$K_\mathrm{rn} = \frac{2^4 k_\mathrm{n}(3+D_\mathrm{cT}-D_\mathrm{cf})F_\mathrm{p}^2}{k(\sqrt{3}-2F_\mathrm{c})^2 F_\mathrm{n}^2(\lambda_\mathrm{cmax}^{3+D_\mathrm{cT}-D_\mathrm{cf}}-\lambda_\mathrm{cmin}^{3+D_\mathrm{cT}-D_\mathrm{cf}})} \times \left[\left(\frac{\sqrt{3}-2F_\mathrm{c}}{4F_\mathrm{p}}\right)^2 \frac{\lambda_\mathrm{cmax}^{3+D_\mathrm{cT}-D_\mathrm{cf}}-\lambda_\mathrm{cmin}^{3+D_\mathrm{cT}-D_\mathrm{cf}}}{3+D_\mathrm{cT}-D_\mathrm{cf}} - \right.$$

$$16\left(\frac{\sqrt{3}-2F_\mathrm{c}}{4F_\mathrm{p}}\right)^{\frac{3}{2}} \frac{\lambda_\mathrm{cmax}^{2+D_\mathrm{cT}-D_\mathrm{cf}}-\lambda_\mathrm{cmin}^{2+D_\mathrm{cT}-D_\mathrm{cf}}}{2+D_\mathrm{cT}-D_\mathrm{cf}} \delta + 24\left(\frac{\sqrt{3}-2F_\mathrm{c}}{4F_\mathrm{p}}\right) \frac{\lambda_\mathrm{cmax}^{1+D_\mathrm{cT}-D_\mathrm{cf}}-\lambda_\mathrm{cmin}^{1+D_\mathrm{cT}-D_\mathrm{cf}}}{1+D_\mathrm{cT}-D_\mathrm{cf}} \delta^2 - $$

$$\left. 32\left(\frac{\sqrt{3}-2F_\mathrm{c}}{4F_\mathrm{p}}\right)^{\frac{1}{2}} \frac{\lambda_\mathrm{cmax}^{D_\mathrm{cT}-D_\mathrm{cf}}-\lambda_\mathrm{cmin}^{D_\mathrm{cT}-D_\mathrm{cf}}}{D_\mathrm{cT}-D_\mathrm{cf}} \delta^3 + 16\frac{\lambda_\mathrm{cmax}^{-1+D_\mathrm{cT}-D_\mathrm{cf}}-\lambda_\mathrm{cmin}^{-1+D_\mathrm{cT}-D_\mathrm{cf}}}{-1+D_\mathrm{cT}-D_\mathrm{cf}} \delta^4 \right]$$

(5-3-38)

三、实例分析

为了验证多孔介质固相分形两相渗流模型的正确性，使用了本论文疏松砂岩储层气水相渗测试的实验数据，将所有测试数据归一化作相对渗透率曲线。本节推导的多孔介质固相分形两相渗流模型使用的参数取值为：$D_\mathrm{cf}=1.70$，$D_\mathrm{cT}=1.10$，$\lambda_\mathrm{cmax}=1\times10^{-6}$ m，$\lambda_\mathrm{cmin}=1\times10^{-8}$ m，束缚水含水饱和度为0.2，通过改变液膜厚度计算含水饱和度（润湿相饱和度）、润湿相相对渗透率（水相）和非润湿相相对渗透率（气相）的关系曲线，如图5-3-3所示。将多孔介质固相分形两相渗流模型的预测值与已有的实验数据进行了比较，绘制了含水饱和度在0~1的相对渗透率实验值。实验样本数据标记为实心点，模型预测数据标记为实线。由数据比较结果可以看出，模型预测结果与实验测试结果表现出较高的吻合度。

为了分析固相骨架集分形维数对多孔介质相对渗透率的影响幅度，在多孔介质固相分形两相渗流模型中分别设定固相骨架集分形维数为1.65、1.70和1.75，绘制此时多孔介质固相分形两相渗流模型预测多孔介质相对渗透率的变化（图5-3-4）。从图5-3-4中可以看出，对于多孔介质固相分形两相渗流模型而言，固相骨架集分形维数对多孔介质相对渗透率的影响显著，可以看作是其主要影响因素。多孔介质气相渗透率与含水饱和度的关系曲线随着固相骨架集分形维数的逐渐增加而右移，多孔介质气相渗透率进而逐渐增大；多孔介质水相渗透率与含水饱和度的关系曲线随着固相骨架集分形维数的逐渐增加而右移，多孔介质水相渗透率进而逐渐减小。其原因在于固相骨架集分形维数表征的是多孔介质中固相骨架的数量与分布，其值越大，固相骨架在多孔介质中的数量越多，多孔介质的表面积越大。由于较大的固相骨架集分形维数导致较大的多孔介质表面积，当多孔介质含水饱和度一定时，水相附着于多孔介质表面的水膜厚度较薄，致使多孔介质内气相通道较通畅、水相通道较狭窄。

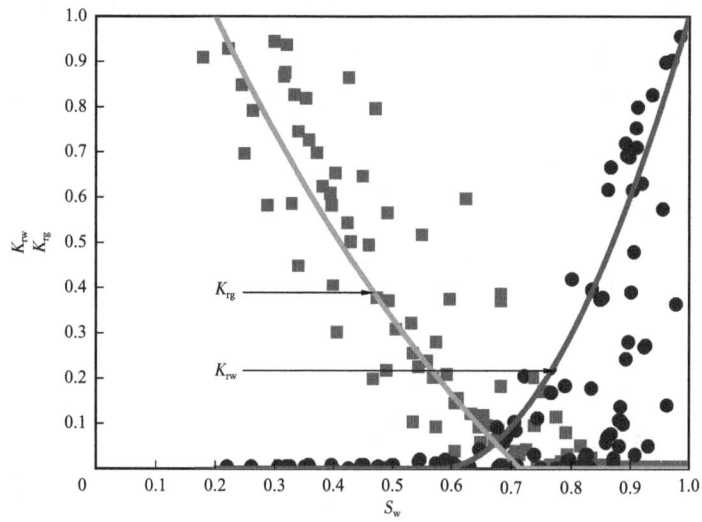

图 5-3-3　多孔介质固相分形两相渗流模型验证

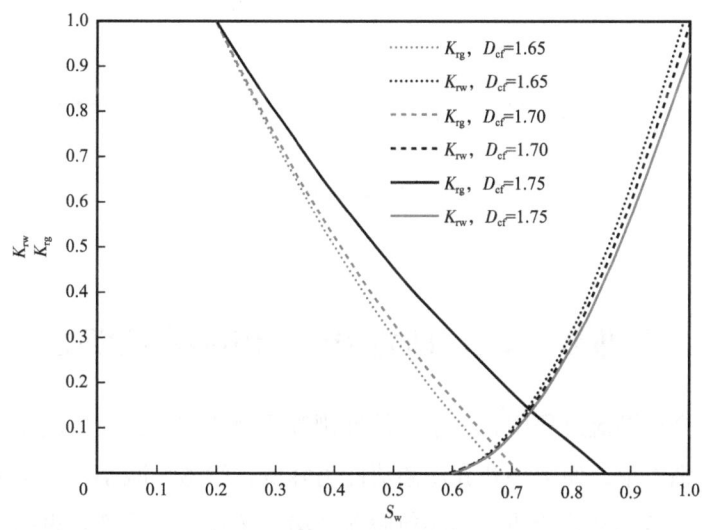

图 5-3-4　固相骨架集分形维数影响分析

为了分析固相骨架集曲迂分形维数对多孔介质相对渗透率的影响幅度，在多孔介质固相分形两相渗流模型中分别设定固相骨架集曲迂分形维数为 1.05、1.10 和 1.15，绘制此时模型预测的多孔介质相对渗透率的变化（图 5-3-5）。从图 5-3-5 中可以看出，对于多孔介质固相分形两相渗流模型而言，固相骨架集曲迂分形维数对多孔介质相对渗透率的影响显著，可以看作是其主要影响因素。多孔介质气相渗透率与含水饱和度的关系曲线随着固相骨架集曲迂分形维数的逐渐增加而右移，多孔介质气相渗透率进而逐渐增大。多孔介质水相渗透率与含水饱和度的关系曲线随着固相骨架集曲迂分形维数的逐渐增加而右移，多孔介质水相渗透率进而逐渐减小。其原因在于固相骨架集迂曲分形维数表征的是多孔介质中固相骨架与流体流动路径的迂曲程度，其值越大，多孔介质中流体流动路径越迂曲、越长，多孔介质的表面积越大。由于较大的固相骨架集曲迂分形维数导致较大的多孔介质表面积，当多孔介质含水饱和度一定时，水相附着于多孔介质表面的水膜厚度较薄，致使多孔介质内气相通道较通畅、水相通道较狭窄。

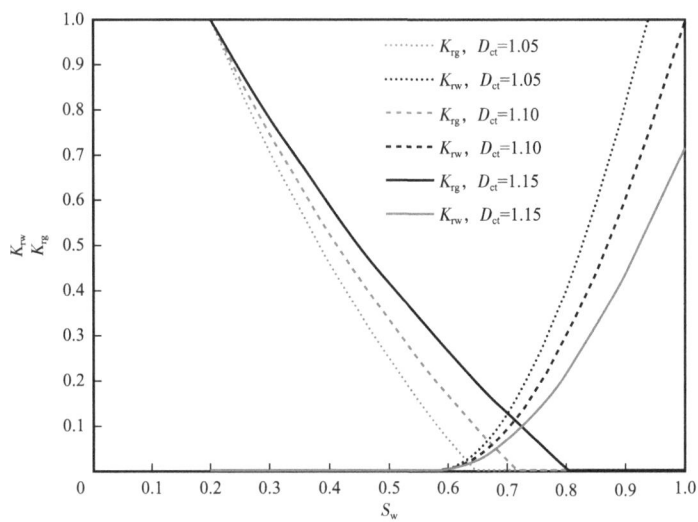

图 5-3-5　固相骨架集曲迂分形维数影响分析

第四节　多孔介质固相分形出砂渗流模型

流体在多孔介质渗流过程中，由于流体冲刷等原因造成多孔介质固相颗粒脱落并堵塞骨架集间隙的毛细管束，使得多孔介质渗流能力降低，渗透率减小。基于多孔介质固相分形渗流基本模型，考虑多孔介质固相颗粒脱落并堵塞多孔介质毛细管束的情况，结合多孔介质固相颗粒受力分析，推导多孔介质固相分形出砂渗流模型，用于多孔介质速敏效应。通过实验数据验证了本节推导模型的准确性。

一、物理模型

基于多孔介质固相分形渗流基本模型，多孔介质由一组弯曲的固相骨架集及骨架集间隙毛细管束构成，其结构如图 5-1-1 所示。多孔介质固相分形渗流基本模型中存在有可移动固相颗粒，其截面排列如图 5-4-1 所示。由于流体冲刷等原因造成多孔介质固相颗粒脱落并堵塞骨架集间隙的毛细管束，使得多孔介质渗流能力降低，渗透率减小。以固相颗粒为目标，分析固相颗粒在气流曳力与壁面静摩擦力的双重作用下的稳定性，以此推导固相颗粒失稳脱落条件。模型基于如下假设条件：渗流过程为等温渗流，忽略毛细管力与重力的影响。

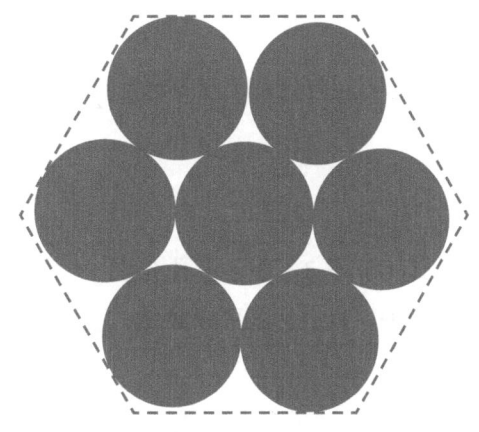

图 5-4-1　多孔介质可移动颗粒截面排列示意图

二、数学模型

1. 固相颗粒失稳脱落条件

为了分析多孔介质固相颗粒失稳脱落条件，在多孔介质横截面中，选取正六边形区域，如图 5-4-1 所示。以固相颗粒为目标，分析固相颗粒在气流曳力与壁面静摩擦力的双重作用下的稳定性，其受力分析如图 5-4-2 所示。

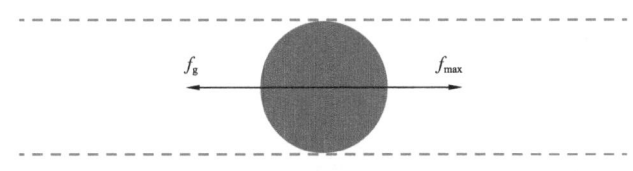

图 5-4-2　固相颗粒失稳脱落临界条件

中心固体颗粒所受最大静摩擦力：

$$f_{\max} = \kappa \sigma_\lambda \tag{5-4-1}$$

式中　$f_{\max}$——最大静摩擦力，N；
　　　κ——静摩擦系数。

气体对中心固相颗粒的曳力：

$$f_g = \frac{\pi}{8} C \rho_g v_g^2 \lambda_{cr}^2 \tag{5-4-2}$$

式中　f_g——气体对固相颗粒的曳力，N；
　　　C——曳力系数，0.44；
　　　ρ_g——气体的密度，kg/m³；
　　　v_g——气体的速度，m/s；
　　　λ_{cr}——固相颗粒失稳临界直径，m。

当中心固体颗粒处于失稳脱落临界条件时，中心固体颗粒所受最大静摩擦力与气体对中心固相颗粒的曳力相等，即：

$$f_g = f_{max} \quad (5-4-3)$$

将式（5-4-1）与式（5-4-2）代入式（5-4-3），得到固相颗粒的失稳临界直径：

$$\lambda_{cr} = \sqrt{\frac{8\kappa\sigma_\lambda}{\pi C \rho_g}} \frac{1}{v_g} \quad (5-4-4)$$

式（5-4-3）中，多孔介质中固相颗粒失稳临界直径 λ_{cr} 与其周围的气体流速 v_g 成线性负相关，其表达式可以简化：

$$\lambda_{cr} = \frac{C_r}{v_g} \quad (5-4-5)$$

式中 C_r——固相颗粒失稳系数，s^{-1}。

2. 可移动颗粒的分形表征

基于分形基本理论，多孔介质中可移动颗粒直径 l 大于或等于 λ_c 的累积分布规律遵循如下分形定律：

$$N_{cr}(l \geq \lambda_c) = \left(\frac{\lambda_{crmax}}{\lambda_c}\right)^{D_{crf}} \quad (5-4-6)$$

式中 N_{cr}——多孔介质可移动颗粒总数；

λ_{crmax}——可移动颗粒在多孔介质中的最大直径，m；

D_{crf}——多孔介质可移动颗粒分形维数。

二维空间中 $0<D_{crf}<2$，三维空间中 $0<D_{crf}<3$，$D_{crf}=0$ 表示多孔介质可移动颗粒总数 N_{cr} 为 1 即只有一个颗粒存在，二维空间中 $D_{crf}=2$ 或三维空间中 $D_{crf}=3$ 表示多孔介质可移动颗粒总数 N_{cr} 接近其可能的最大值，即多孔介质所有可移动颗粒失稳并堵塞渗流通道。

对式（5-4-6）中可移动颗粒直径 λ_c 求导，可以得到从 λ_c 到 $\lambda_c+d\lambda_c$ 的无穷小范围内的可移动颗粒数目：

$$-dN_{cr} = D_{crf} \lambda_{crmax}^{D_{crf}} \lambda_c^{-(D_{crf}+1)} d\lambda_c \quad (5-4-7)$$

3. 出砂堵塞截面积

出砂条件下多孔介质截面积与常规渗流条件一致，其表达式（5-1-11）。出砂条件下，当多孔介质中固相颗粒失稳，临界直径 λ_{cr} 大于多孔介质最大颗粒时，表示多孔介质所有可移动颗粒均未达到失稳条件；当孔介质中固相颗粒失稳临界直径 λ_{cr} 小于等于多孔介质最大颗粒时，表示多孔介质中存在失稳颗粒，固相颗粒开始失稳脱落并堵塞渗流通道。假设可移动颗粒达到失稳条件，即刻失稳脱落，堵塞渗流通道，则多孔介质堵塞截面积可以表示：

$$A_{\mathrm{b}} = \begin{cases} 0 & \lambda_{\mathrm{cr}} > \lambda_{\mathrm{crmax}} \\ -\int_{\lambda_{\mathrm{cr}}}^{\lambda_{\mathrm{crmax}}} F_{\mathrm{c}} \lambda_{\mathrm{c}}^2 \mathrm{d}N_{\mathrm{cr}} & \lambda_{\mathrm{cr}} \leqslant \lambda_{\mathrm{crmax}} \end{cases} \qquad (5\text{-}4\text{-}8)$$

式中　A_{b}——出砂条件下多孔介质堵塞截面积，m^2。

将式（5-4-7）代入式（5-4-8），可以得到出砂条件下多孔介质堵塞截面积的分形表达式：

$$A_{\mathrm{b}} = \begin{cases} 0 & \lambda_{\mathrm{cr}} > \lambda_{\mathrm{crmax}} \\ \dfrac{F_{\mathrm{c}} D_{\mathrm{crf}} \lambda_{\mathrm{crmax0}}^{D_{\mathrm{crf}}}}{(2 - D_{\mathrm{crf}})} \left(\lambda_{\mathrm{crmax0}}^{2-D_{\mathrm{crf}}} - \lambda_{\mathrm{cr}}^{2-D_{\mathrm{crf}}} \right) & \lambda_{\mathrm{cr}} \leqslant \lambda_{\mathrm{crmax}} \end{cases} \qquad (5\text{-}4\text{-}9)$$

式中　$\lambda_{\mathrm{crmax0}}$——应力为 0 的可移动颗粒在多孔介质中的最大直径，m。

4. 出砂条件下多孔介质流量

基于毛细管束模型，出砂条件下若多孔介质单根毛细管被堵塞，则其损失的流量可以描述：

$$q_{\mathrm{b}} = k \frac{\pi \lambda_{\mathrm{cr}}^4 \Delta p}{128 \mu L_{\mathrm{p}}} \qquad (5\text{-}4\text{-}10)$$

式中　q_{b}——出砂条件下单根毛细管被堵塞所损失的流量，m^3/s；

　　　k——流动几何系数。

由毛细管束模型基本定义可知，出砂条件下多孔介质的总堵塞流量为多孔介质内各毛细管堵塞流量之和。出砂条件下流经多孔介质的流体流量为多孔介质中临界失稳颗粒堵塞毛细管流量至最大可动颗粒堵塞毛细管流量之和，可以表示：

$$Q_{\mathrm{b}} = \int_{\lambda_{\mathrm{cr}}}^{\lambda_{\mathrm{crmax}}} q_{\mathrm{b}} \mathrm{d}N_{\mathrm{cr}} \qquad (5\text{-}4\text{-}11)$$

式中　Q_{b}——出砂条件下在多孔介质中被堵塞所损失的流量，m^3/s。

将式（5-1-7）与式（5-4-10）代入式（5-4-11），可以得到出砂条件下多孔介质的总堵塞流量的分形表达式：

$$Q_{\mathrm{b}} = \frac{\pi k D_{\mathrm{crf}} \Delta p \lambda_{\mathrm{crmax}}^{D_{\mathrm{crf}}} \left(\sqrt{3} - 2F_{\mathrm{c}} \right)^2}{2^{11} \mu (3 + D_{\mathrm{cT}} - D_{\mathrm{crf}}) F_{\mathrm{p}}^2 L^{D_{\mathrm{cT}}}} \left(\lambda_{\mathrm{crmax}}^{3+D_{\mathrm{cT}}-D_{\mathrm{crf}}} - \lambda_{\mathrm{cr}}^{3+D_{\mathrm{cT}}-D_{\mathrm{crf}}} \right) \qquad (5\text{-}4\text{-}12)$$

出砂条件下多孔介质流量为多孔介质未发生堵塞流量与多孔介质堵塞流量之差，可以表示：

$$Q_{cr} = Q - Q_b \quad (5-4-13)$$

式中 Q_{cr}——出砂条件下多孔介质流量，m^3/s。

将式（5-1-27）与式（5-4-12）代入式（5-4-13），可以求得出砂条件下多孔介质流量的分形表达式：

$$Q_{cr} = \frac{\pi k D_{cf} \Delta p \lambda_{cmax}^{D_{cf}} \left(\sqrt{3} - 2F_c\right)^2}{2^{11} \mu \left(3 + D_{cT} - D_{cf}\right) F_p^2 L^{D_{cT}}} \left(\lambda_{cmax}^{3+D_{cT}-D_{cf}} - \lambda_{cmin}^{3+D_{cT}-D_{cf}}\right) - \frac{\pi k D_{crf} \Delta p \lambda_{crmax}^{D_{crf}} \left(\sqrt{3} - 2F_c\right)^2}{2^{11} \mu \left(3 + D_{cT} - D_{crf}\right) F_p^2 L^{D_{cT}}} \left(\lambda_{crmax}^{3+D_{cT}-D_{crf}} - \lambda_{cr}^{3+D_{cT}-D_{crf}}\right) \quad (5-4-14)$$

5. 出砂条件下多孔介质渗透率

多孔介质在出砂条件下的渗透率可以根据达西定律得到：

$$K_{cr} = \frac{Q_{cr} \mu L}{A \Delta p} \quad (5-4-15)$$

式中 K_{cr}——出砂条件下多孔介质的渗透率，m^2。

将式（5-1-11）与式（5-4-14）同时代入式（5-4-15），可以得到渗透率在多孔介质下的表达式：

$$K_{cr} = \frac{\pi k \left(2 - D_{cf}\right) \left(\lambda_{cmax}^{3+D_{cT}-D_{cf}} - \lambda_{cmin}^{3+D_{cT}-D_{cf}}\right) \left(\sqrt{3} - 2F_c\right)^2}{2^9 \sqrt{3} \left(3 + D_{cT} - D_{cf}\right) \left(\lambda_{cmax}^{2-D_{cf}} - \lambda_{cmin}^{2-D_{cf}}\right) F_p^2 L^{D_{cT}-1}} - \frac{\pi k D_{crf} \left(2 - D_{cf}\right) \lambda_{crmax}^{D_{crf}} \left(\lambda_{crmax}^{3+D_{cT}-D_{crf}} - \lambda_{cr}^{3+D_{cT}-D_{crf}}\right) \left(\sqrt{3} - 2F_c\right)^2}{2^9 \sqrt{3} D_{cf} \left(3 + D_{cT} - D_{crf}\right) \left(\lambda_{cmax}^{2-D_{cf}} - \lambda_{cmin}^{2-D_{cf}}\right) \lambda_{cmax}^{D_{cf}} F_p^2 L^{D_{cT}-1}} \quad (5-4-16)$$

若多孔介质未发生可动颗粒失稳并堵塞渗流通道的现象，则其渗透表达式与多孔基质固相分形渗流基本模型一致，其表达式（5-1-30）。

引入归一化渗透率为多孔介质出砂条件下的渗透率与未发生出砂的渗透率的比值，其表达式为：

$$K^+ = \frac{K_{cr}}{K} \quad (5-4-17)$$

式中 K^+——出砂影响的归一化多孔介质渗透率。

将式（5-1-30）与式（5-4-16）代入式（5-4-17），可以得到多孔介质固相分形出砂渗流模型的无量纲表达式：

$$K^+ = 1 - \frac{D_{\text{crf}}\left(3+D_{\text{cT}}-D_{\text{cf}}\right)\left(\lambda_{\text{crmax}}^{3+D_{\text{cT}}-D_{\text{crf}}}-\lambda_{\text{cr}}^{3+D_{\text{cT}}-D_{\text{crf}}}\right)\lambda_{\text{crmax}}^{D_{\text{cf}}}}{D_{\text{cf}}\left(3+D_{\text{cT}}-D_{\text{crf}}\right)\left(\lambda_{\text{cmax}}^{3+D_{\text{cT}}-D_{\text{cf}}}-\lambda_{\text{cmin}}^{3+D_{\text{cT}}-D_{\text{cf}}}\right)\lambda_{\text{cmax}}^{D_{\text{cf}}}} \qquad (5\text{-}4\text{-}18)$$

三、实例分析

为了验证多孔介质固相分形出砂渗流模型的正确性，使用了本论文出砂实验数据，为多孔介质归一化渗透率随岩心驱替压力的变化关系。本节推导的多孔介质固相分形出砂渗流模型使用的参数取值为：$D_{\text{cf}}=1.9$，$D_{\text{ref}}=1.65$，$C_{\text{t}}=30\times10^{-12}\ \text{s}^{-1}$，$D_{\text{cT}}=1.05$，$\lambda_{\text{crmax}}=1\times10^{-6}\ \text{m}$，$\lambda_{\text{crmin}}=1\times10^{-8}\ \text{m}$。将多孔介质固相分形出砂渗流模型的预测值与已有的实验数据进行比较，绘制了驱替压力在 0~5 MPa 之间的归一化渗透率实验值（图 5-4-3）。实验样本数据标记为实心点，模型预测数据标记为实线。由数据比较结果可以看出，模型预测结果与实验测试结果表现出较高的吻合度。

为了分析固相颗粒失稳系数对多孔介质固相分形出砂渗流模型的影响幅度，在多孔介质固相分形出砂渗流模型中分别设定固相颗粒失稳系数为 20 s^{-1}、30 s^{-1} 和 40 s^{-1}，绘制此时多孔介质固相分形出砂渗流模型预测归一化渗透率的变化（图 5-4-4）。从图 5-4-4 中可以看出，对于多孔介质固相分形出砂渗流模型而言，固相颗粒失稳系数对归一化渗透率的影响明显，可以看作是其主要影响因素。归一化渗透率与驱替压力的关系曲线随着固相颗粒失稳系数的逐渐增加而右移，归一化渗透率进而逐渐增大。其原因在于固相颗粒失稳系数表征的是多孔介质中可脱落颗粒的稳定性，其值越大，可脱落颗粒的稳定性越好，归一化渗透率下降发生得越晚，且下降幅度越缓慢。

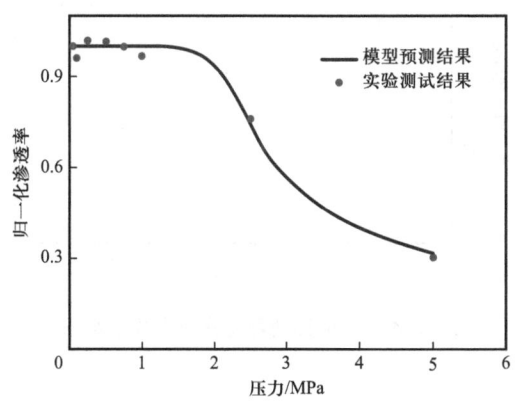
图 5-4-3 多孔介质固相分形出砂渗流模型验证

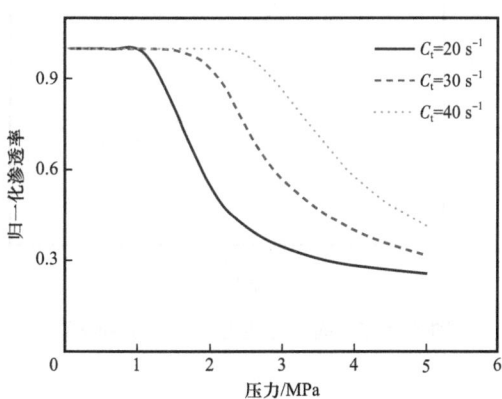
图 5-4-4 固相颗粒失稳系数影响图

为了分析多孔介质固相骨架集分形维数对多孔介质固相分形出砂渗流模型的影响幅度，在多孔介质固相分形出砂渗流模型中分别设定多孔介质固相骨架集分形维数为

1.85、1.90 和 1.95，分别绘制此时多孔介质固相分形出砂渗流模型预测归一化渗透率的变化（图 5-4-5）。从图 5-4-5 可以看出，对于多孔介质固相分形出砂渗流模型而言，固相骨架集分形维数对归一化渗透率的影响比较明显，可以看作是其主要影响因素之一。归一化渗透率与驱替压力的关系曲线随着固相骨架集分形维数的逐渐增加而上翘，归一化渗透率逐渐增大，但归一化渗透率下降发生点没有发生变化。其原因在于固相骨架集分形维数表征的是多孔介质中固相骨架的数量与分布，其值越大，多孔介质中固相骨架的数量越多，多孔介质的孔隙也越多，渗透性越好。当固相骨架集分形维数增大时，多孔介质的渗透率随之增大，但多孔介质出砂条件不发生变化。

为了分析多孔介质可移动颗粒分形维数对多孔介质固相分形出砂渗流模型的影响幅度，在多孔介质固相分形出砂渗流模型中分别设定多孔介质可移动颗粒分形维数为 1.60、1.65 和 1.70，分别绘制此时多孔介质固相分形出砂渗流模型预测归一化渗透率的变化（图 5-4-6）。从图 5-4-6 中可以看出，对于多孔介质固相分形出砂渗流模型而言，可移动颗粒分形维数对归一化渗透率的影响比较明显，可以看作是其主要影响因素之一。归一化渗透率与驱替压力的关系曲线随着可移动颗粒分形维数的逐渐增加而下降，归一化渗透率逐渐下降，但归一化渗透率下降发生点没有发生变化。其原因在于可移动颗粒分形维数表征的是多孔介质中可移动颗粒的数量与分布，其值越大，多孔介质中可移动颗粒的数量越多，渗透性越差。当可移动颗粒分形维数增大时，多孔介质的渗透率随之减小，但多孔介质出砂条件不发生变化。

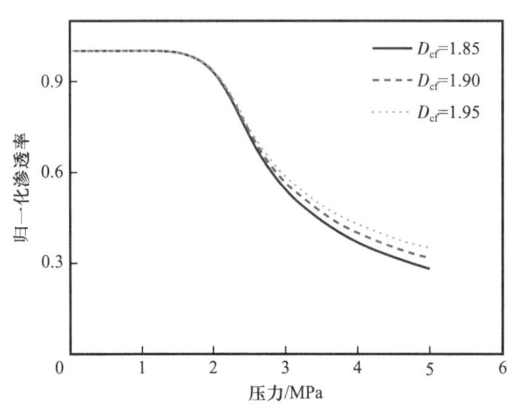

图 5-4-5　固相骨架集分形维数影响图

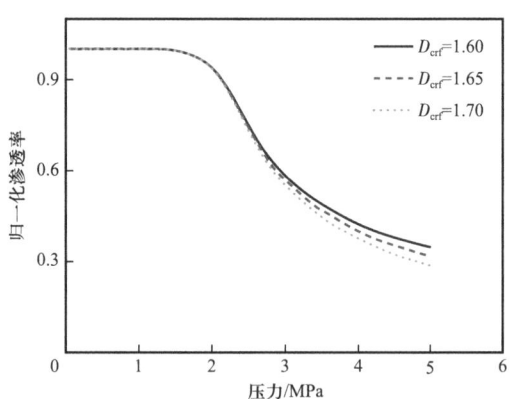

图 5-4-6　可移动颗粒分形维数影响图

第六章 疏松砂岩有水气藏储层分形渗流模型

第五章完成了对多孔介质固相分形渗流模型的建立，包括多孔介质固相分形渗流基本模型、应力敏感渗流模型、固相分形两相渗流模型与固相分形出砂渗流模型，可用于分析储层渗流受应力敏感效应、气水两相渗流、储层出砂等单一因素的影响。疏松砂岩有水气藏储层在实际渗流过程中往往受到多种因素影响，因此，考虑双因素影响下的疏松砂岩有水气藏分形渗流模型不可或缺。基于多孔介质固相分形渗流模型，结合应力敏感效应、气水两相渗流、储层出砂等因素影响分析，建立考虑双因素影响疏松砂岩有水气藏分形渗流模型，包括疏松砂岩有水气藏分形应力—两相渗流模型与分形应力—出砂渗流模型。

第一节 疏松砂岩有水气藏储层分形应力—两相渗流模型

基于多孔介质固相分形渗流基本模型，同时考虑多孔介质固相骨架应变，以及润湿相与非润湿相流体同时占据多孔介质孔隙的情况，结合多孔介质固相应变理论与两相渗流理论，建立疏松砂岩有水气藏分形应力—两相渗流模型，用于分析疏松砂岩储层在应力条件下的两相渗流规律。

一、物理模型

基于多孔介质固相分形渗流基本模型，多孔介质由一组弯曲的固相骨架集及骨架集间隙毛细管束构成。润湿相与非润湿相流体同时占据多孔介质孔隙，润湿相流体由于其润湿性附着固相骨架表面，非润湿相流体占据润湿相流体以外的孔隙空间。多孔介质固相骨架集受应力影响发生应变，当在固相骨架集施加径向应力时，固相骨架集会发生径向收缩，此时多孔介质中固相骨架集和毛细管束的直径虽减小，但其形状未发生改变（图6-1-1）。

当在固相骨架集施加横向应力时，固相骨架集由于应力而产生弯曲，并且横向收缩。此时固相骨架的实际长度和曲迂程度将增加，而骨架集的直线长度没有改变。本模型的假设条件如下：不考虑重力和毛细管力对模型的影响，渗流过程中温度不随距离变化，压力变化影响渗透率等参数。

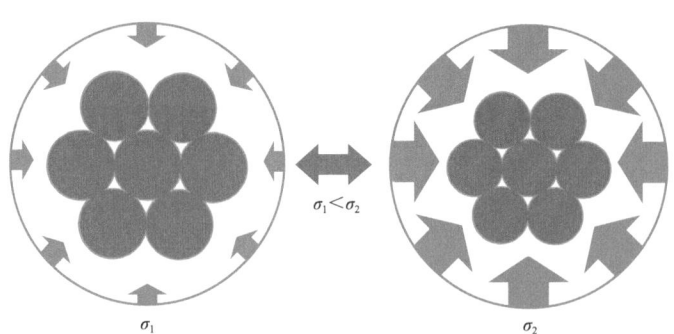

图 6-1-1　两相渗流条件下固体骨架径向应变示意图

二、数学模型

1. 应力—两相渗流下固相骨架与毛管的关系

为了分析应力—两相渗流下多孔介质模型中固相骨架集与毛细管束的关系，选取截面中的正三角形区域，如图 6-1-2 所示。

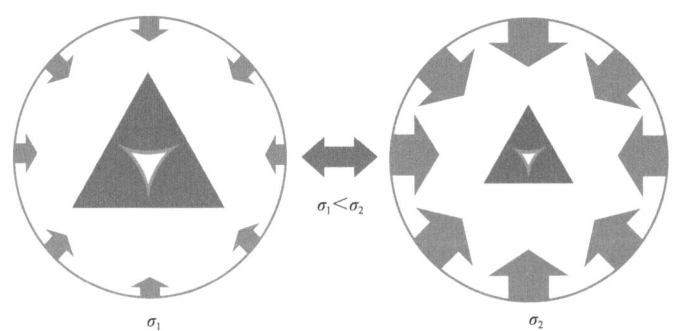

图 6-1-2　两相渗流下多孔介质截面的正三角形区域

应力—两相渗流条件下，多孔介质受应力作用使得孔隙直径减小。由于润湿相流体更易附着于多孔介质骨架表面，其在孔隙收缩过程中体积变化较小，非润湿相流体优先被挤出多孔介质。应力—两相渗流下正三角形区域面积可以表示：

$$A_{uw\sigma}=A_{uw} \qquad (6-1-1)$$

式中　$A_{uw\sigma}$——应力—两相渗流下润湿相流体占据正三角形区域面积，m^2。

将式（5-3-6）代入式（6-1-1），可以得到应力—两相渗流下润湿相流体占据正三角形区域面积的表达式：

$$A_{uw\sigma}=2F_c\lambda_{c0}\delta_0+2F_c\delta_0^2 \qquad (6-1-2)$$

式中　δ_0——应力—两相渗流下润湿相流体液膜初始厚度，m。

将式（5-3-5）与式（6-1-1）代入式（6-1-2），可以得到应力—两相渗流下润湿相等效直径的表达式：

$$\lambda_{w}=\sqrt{2\frac{F_{c}}{F_{w}}\left(\lambda_{c0}\delta_{0}+\delta_{0}^{2}\right)} \qquad (6-1-3)$$

应力—两相渗流下正三角形区域孔隙面积、润湿相流体与非润湿相流体占据面积的关系：

$$A_{up\sigma}=A_{uw\sigma}+A_{un\sigma} \qquad (6-1-4)$$

式中 $A_{up\sigma}$——应力—两相渗流下正三角形区域孔隙面积，m^2；

$A_{un\sigma}$——应力—两相渗流下非润湿相流体占据正三角形区域面积，m^2。

将式（5-2-13）与式（6-1-2）代入式（6-1-4），得到应力—两相渗流下非润湿相流体占据正三角形区域面积的表达式：

$$A_{un\sigma}=\lambda_{c0}^{2}\frac{\sqrt{3}-2F_{c}}{4}\left(1-\frac{\sigma_{\lambda}}{E}\right)^{2}-2F_{c}\lambda_{c0}\delta_{0}-2F_{c}\delta_{0}^{2} \qquad (6-1-5)$$

应力—两相渗流下非润湿相流体占据正三角形区域面积可由非润湿相等效直径表示：

$$A_{un\sigma}=F_{n}\lambda_{n\sigma}^{2} \qquad (6-1-6)$$

式中 $\lambda_{n\sigma}$——应力—两相渗流下非润湿相等效直径，m。

将式（6-1-6）代入式（6-1-5），得到应力—两相渗流下非润湿相等效直径与多孔介质径向应力的关系式：

$$\lambda_{n\sigma}=\sqrt{\frac{\sqrt{3}-2F_{c}}{4F_{n}}\left(1-\frac{\sigma_{\lambda}}{E}\right)^{2}\lambda_{c0}^{2}-2\frac{F_{c}}{F_{n}}\lambda_{c0}\delta_{0}-2\frac{F_{c}}{F_{n}}\delta_{0}^{2}} \qquad (6-1-7)$$

2. 应力—两相渗流下两相渗流下多孔介质截面积

应力—两相渗流下多孔介质截面积、固相骨架集所占面积、毛细管束所占面积与应力条件下单相渗流一致，其表达式分别为式（5-2-15）、式（5-2-17）与式（5-2-19）。

应力—两相渗流下流体润湿相所占截面积可以表示：

$$A_{w\sigma}=-\int_{\lambda_{cmin0}}^{\lambda_{cmax0}}A_{uw\sigma}dN_{c} \qquad (6-1-8)$$

式中 $A_{w\sigma}$——应力—两相渗流下润湿相所占截面积，m^2。

将式（6-1-2）与代入式（6-1-8），可以两相渗流下流体润湿相所占截面积的分形表达式：

$$A_{w\sigma} = \frac{2F_c\delta_0 D_{cf}\lambda_{cmax0}^{D_{cf}}}{1-D_{cf}}\left(\lambda_{cmax0}^{1-D_{cf}} - \lambda_{cmin0}^{1-D_{cf}}\right) + 2F_c\delta_0^2\lambda_{cmax0}^{D_{cf}}\left(\lambda_{cmax0}^{-D_{cf}} - \lambda_{cmin0}^{-D_{cf}}\right) \quad （6-1-9）$$

两相渗流下流体非润湿相所占截面积可以表示：

$$A_{n\sigma} = -\int_{\lambda_{cmin0}}^{\lambda_{cmax0}} A_{un\sigma} dN_c \quad （6-1-10）$$

式中 $A_{n\sigma}$——应力—两相渗流下非润湿相所占截面积，m^2。

将式（5-1-7）与式（6-1-5）代入式（6-1-10），可以两相渗流下流体非润湿相所占截面积的分形表达式：

$$A_{n\sigma} = \frac{\left(\sqrt{3}-2F_c\right)D_{cf}\lambda_{cmax0}^{D_{cf}}}{4(2-D_{cf})}\left(\lambda_{cmax0}^{2-D_{cf}} - \lambda_{cmin0}^{2-D_{cf}}\right)\left(1-\frac{\sigma_\lambda}{E}\right)^2 - \\ \frac{2F_c\delta_0 D_{cf}\lambda_{cmax0}^{D_{cf}}}{1-D_{cf}}\left(\lambda_{cmax0}^{1-D_{cf}} - \lambda_{cmin0}^{1-D_{cf}}\right) - 2F_c\delta_0^2\lambda_{cmax0}^{D_{cf}}\left(\lambda_{cmax0}^{-D_{cf}} - \lambda_{cmin0}^{-D_{cf}}\right) \quad （6-1-11）$$

3. 应力—两相渗流下多孔介质体积

应力—两相渗流下多孔介质体积、固相骨架集所占体积、毛细管束所占体积与应力条件下单相渗流一致，其表达式分别为式（5-2-21）、式（5-2-23）与式（5-2-25）。

应力—两相渗流下多孔介质中流体润湿相所占体积可以表示：

$$V_{w\sigma} = -\int_{\lambda_{cmin0}}^{\lambda_{cmax0}} A_{uw\sigma} L_{c\sigma} dN_c \quad （6-1-12）$$

式中 $V_{w\sigma}$——多孔介质中流体润湿相所占体积，m^3。

将式（5-1-7）、式（5-2-8）与式（6-1-2）同时代入式（6-1-12），可以得到应力—两相渗流下流体润湿相所占体积的分形表达式：

$$V_{w\sigma} = \frac{2F_c D_{cf}\delta_0 L^{D_{cT}}\lambda_{cmax0}^{D_{cf}}}{2-D_{cT}-D_{cf}}\left(\lambda_{cmax0}^{2-D_{cT}-D_{cf}} - \lambda_{cmin0}^{2-D_{cT}-D_{cf}}\right)\left(1-\frac{\sigma_\lambda}{E}\right)^{1-D_{cT\sigma}} + \\ \frac{2F_c D_{cf}\delta_0^2 L^{D_{cT}}\lambda_{cmax0}^{D_{cf}}}{1-D_{cT}-D_{cf}}\left(\lambda_{cmax0}^{1-D_{cT}-D_{cf}} - \lambda_{cmin0}^{1-D_{cT}-D_{cf}}\right)\left(1-\frac{\sigma_\lambda}{E}\right)^{1-D_{cT\sigma}} \quad （6-1-13）$$

应力—两相渗流下两相渗流下流体非润湿相所占体积可以表示：

$$V_{n\sigma} = -\int_{\lambda_{cmin0}}^{\lambda_{cmax0}} A_{un\sigma} L_{c\sigma} dN_c \quad （6-1-14）$$

式中 $V_{n\sigma}$——应力—两相渗流下多孔介质中流体非润湿相所占体积，m^3。

将式（5-1-7）、式（5-1-8）与式（6-1-11）同时代入式（6-1-14），可以得到两相渗流条件下流体非润湿相所占体积的分形表达式：

$$V_{\mathrm{n}\sigma} = \frac{D_{\mathrm{cf}} L^{D_{\mathrm{cT}}} \lambda_{\mathrm{cmax}0}^{D_{\mathrm{cf}}} \left(\sqrt{3} - 2F_{\mathrm{c}}\right)}{4\left(3 - D_{\mathrm{cT}} - D_{\mathrm{cf}}\right)} \left(1 - \frac{\sigma_{\lambda}}{E}\right)^2 \left(\lambda_{\mathrm{cmax}0}^{3-D_{\mathrm{cT}}-D_{\mathrm{cf}}} - \lambda_{\mathrm{cmin}0}^{3-D_{\mathrm{cT}}-D_{\mathrm{cf}}}\right) - $$
$$\frac{2F_{\mathrm{c}} D_{\mathrm{cf}} \delta_0 L^{D_{\mathrm{cT}}} \lambda_{\mathrm{cmax}0}^{D_{\mathrm{cf}}}}{2 - D_{\mathrm{cT}} - D_{\mathrm{cf}}} \left(\lambda_{\mathrm{cmax}0}^{2-D_{\mathrm{cT}}-D_{\mathrm{cf}}} - \lambda_{\mathrm{cmin}0}^{2-D_{\mathrm{cT}}-D_{\mathrm{cf}}}\right) - $$
$$\frac{2F_{\mathrm{c}} D_{\mathrm{cf}} \delta_0^2 L^{D_{\mathrm{cT}}} \lambda_{\mathrm{cmax}0}^{D_{\mathrm{cf}}}}{1 - D_{\mathrm{cT}} - D_{\mathrm{cf}}} \left(\lambda_{\mathrm{cmax}0}^{1-D_{\mathrm{cT}}-D_{\mathrm{cf}}} - \lambda_{\mathrm{cmin}0}^{1-D_{\mathrm{cT}}-D_{\mathrm{cf}}}\right) \qquad (6-1-15)$$

4. 应力—两相渗流下的流体饱和度

基于多孔介质流体润湿相饱和度定义，应力—两相渗流下的润湿相饱和度的表达式：

$$S_{\mathrm{w}\sigma} = \frac{V_{\mathrm{w}\sigma}}{V_{\mathrm{p}\sigma}} \qquad (6-1-16)$$

式中　$S_{\mathrm{w}\sigma}$——应力—两相渗流下多孔介质中流体润湿相饱和度。

将式（5-2-25）与式（6-1-13）代入式（6-1-16），得到应力—两相渗流下多孔介质流体润湿相饱和度的分形表达式：

$$S_{\mathrm{w}} = \frac{\dfrac{2F_{\mathrm{c}} D_{\mathrm{cf}} \delta_0 L^{D_{\mathrm{cT}}} \lambda_{\mathrm{cmax}0}^{D_{\mathrm{cf}}}}{2 - D_{\mathrm{cT}} - D_{\mathrm{cf}}} \left(\lambda_{\mathrm{cmax}0}^{2-D_{\mathrm{cT}}-D_{\mathrm{cf}}} - \lambda_{\mathrm{cmin}0}^{2-D_{\mathrm{cT}}-D_{\mathrm{cf}}}\right) + \dfrac{2F_{\mathrm{c}} D_{\mathrm{cf}} \delta_0^2 L^{D_{\mathrm{cT}}} \lambda_{\mathrm{cmax}0}^{D_{\mathrm{cf}}}}{1 - D_{\mathrm{cT}} - D_{\mathrm{cf}}} \left(\lambda_{\mathrm{cmax}0}^{1-D_{\mathrm{cT}}-D_{\mathrm{cf}}} - \lambda_{\mathrm{cmin}0}^{1-D_{\mathrm{cT}}-D_{\mathrm{cf}}}\right)}{\dfrac{\sqrt{3} L D_{\mathrm{cf}} \lambda_{\mathrm{cmax}0}^{D_{\mathrm{cf}}}}{4\left(2 - D_{\mathrm{cf}}\right)} \left(\lambda_{\mathrm{cmax}0}^{2-D_{\mathrm{cf}}} - \lambda_{\mathrm{cmin}0}^{2-D_{\mathrm{cf}}}\right)\left(1 - \dfrac{\sigma_{\lambda}}{E}\right)^{1+D_{\mathrm{cT}\sigma}} - \dfrac{F_{\mathrm{c}} D_{\mathrm{cf}} L^{D_{\mathrm{cT}\sigma}} \lambda_{\mathrm{cmax}0}^{D_{\mathrm{cf}}}}{2\left(3 - D_{\mathrm{cT}\sigma} - D_{\mathrm{cf}}\right)} \left(\lambda_{\mathrm{cmax}0}^{3-D_{\mathrm{cT}\sigma}-D_{\mathrm{cf}}} - \lambda_{\mathrm{cmin}0}^{3-D_{\mathrm{cT}\sigma}-D_{\mathrm{cf}}}\right)\left(1 - \dfrac{\sigma_{\lambda}}{E}\right)^2}$$

$$(6-1-17)$$

5. 应力—两相渗流下多孔介质渗透率

应力—两相渗流下多孔介质绝对渗透率与应力条件下单相渗流一致，其表达式为式（5-2-30）。

对于应力—两相渗流情况，基于毛细管束模型，通过单根毛细管的润湿相流体流量 q_{w} 可以描述：

$$q_{\mathrm{w}\sigma} = \frac{\pi k_{\mathrm{w}} \lambda_{\mathrm{w}\sigma}^4 \Delta p}{128 \mu_{\mathrm{w}} L_{\mathrm{p}\sigma}} \qquad (6-1-18)$$

式中　$q_{\mathrm{w}\sigma}$——应力—两相渗流下单根毛细管的润湿相流体流量，m^3/s。

由式（6-1-3）可知，式（5-3-23）中 λ_{w}^4 可以表示：

$$\lambda_{\mathrm{w}}^4 = 4\frac{F_{\mathrm{c}}^2}{F_{\mathrm{w}}^2}\left(\lambda_{\mathrm{c}0}^2 \delta_0^2 + \lambda_{\mathrm{c}0} \delta_0^3 + \delta_0^4\right) \qquad (6-1-19)$$

由毛细管束模型定义，流经多孔介质的润湿相流体流量为多孔介质内各毛细管润湿相流体流量之和，其表达式可以表示：

$$Q_{w\sigma} = \int_{\lambda_{cmin0}}^{\lambda_{cmax0}} q_{w\sigma} dN_c \qquad (6-1-20)$$

式中 $Q_{w\sigma}$——润湿相流体流经应力—两相渗流下多孔介质的流量，m^3/s。

将式（5-1-7）、式（5-2-9）与式（6-1-18）代入式（6-1-20），可以得到流经多孔介质流量的分形表达式：

$$Q_{w\sigma} = \frac{\pi k D_{cf} \Delta p F_c^2 \lambda_{cmax0}^{D_{cf}}}{32 \mu_w F_w^2 L^{D_{cT\sigma}}} \left(1 - \frac{\sigma_\lambda}{E}\right)^{-1+D_{cT\sigma}} \times$$

$$\left(\frac{\lambda_{cmax0}^{1+D_{cT\sigma}-D_{cf}} - \lambda_{cmin0}^{1+D_{cT\sigma}-D_{cf}}}{1+D_{cT\sigma}-D_{cf}} \delta_0^2 + \frac{\lambda_{cmax0}^{D_{cT\sigma}-D_{cf}} - \lambda_{cmin0}^{D_{cT\sigma}-D_{cf}}}{D_{cT\sigma}-D_{cf}} \delta_0^3 + \right. \qquad (6-1-21)$$

$$\left. \frac{\lambda_{cmax0}^{-1+D_{cT\sigma}-D_{cf}} - \lambda_{cmin0}^{-1+D_{cT\sigma}-D_{cf}}}{-1+D_{cT\sigma}-D_{cf}} \delta_0^4 \right)$$

由应力—两相渗流下润湿相多孔介质渗透率表达式：

$$K_{w\sigma} = \frac{Q_{w\sigma} \mu_w L}{A_\sigma \Delta p} \qquad (6-1-22)$$

式中 $K_{w\sigma}$——应力—两相渗流下多孔介质润湿相渗透率，m^2。

将式（5-2-15）与式（6-1-21）代入式（6-1-22），可以得到应力—两相渗流下多孔介质润湿相渗透率的分形表达式：

$$K_{w\sigma} = \frac{\pi k_w (2-D_{cf}) F_c^2}{8\sqrt{3} \left(\lambda_{cmax}^{2-D_{cf}} - \lambda_{cmin}^{2-D_{cf}}\right) F_w^2 L^{D_{cT\sigma}-1}} \left(1 - \frac{\sigma_\lambda}{E}\right)^{1+D_{cT\sigma}} \times$$

$$\left(\frac{\lambda_{cmax}^{1+D_{cT\sigma}-D_{cf}} - \lambda_{cmin}^{1+D_{cT\sigma}-D_{cf}}}{1+D_{cT\sigma}-D_{cf}} \delta^2 + \frac{\lambda_{cmax}^{D_{cT\sigma}-D_{cf}} - \lambda_{cmin}^{D_{cT\sigma}-D_{cf}}}{D_{cT\sigma}-D_{cf}} \delta^3 + \right. \qquad (6-1-23)$$

$$\left. \frac{\lambda_{cmax}^{-1+D_{cT\sigma}-D_{cf}} - \lambda_{cmin}^{-1+D_{cT\sigma}-D_{cf}}}{-1+D_{cT\sigma}-D_{cf}} \delta^4 \right)$$

应力—两相渗流下多孔介质润湿相相对渗透率的表达式：

$$K_{rw\sigma} = \frac{K_{w\sigma}}{K_\sigma} \qquad (6-1-24)$$

式中 $K_{rw\sigma}$——应力—两相渗流下多孔介质润湿相相对渗透率。

将式（5-2-35）与式（6-1-23）代入式（6-1-24），可以得到应力—两相渗流下多孔介质润湿相渗透率的分形表达式：

$$K_{\mathrm{rw}\sigma} = \frac{2^6 k_{\mathrm{w}} \left(3 + D_{\mathrm{cT}\sigma} - D_{\mathrm{cf}}\right) F_{\mathrm{p}}^2 F_{\mathrm{c}}^2}{k F_{\mathrm{w}}^2 \left(\sqrt{3} - 2F_{\mathrm{c}}\right)^2 \lambda_{\mathrm{cmax}}^{3+D_{\mathrm{cT}\sigma} - D_{\mathrm{cf}}}} \times \left(\frac{\lambda_{\mathrm{cmax}}^{1+D_{\mathrm{cT}\sigma} - D_{\mathrm{cf}}} - \lambda_{\mathrm{cmin}}^{1+D_{\mathrm{cT}\sigma} - D_{\mathrm{cf}}}}{1 + D_{\mathrm{cT}\sigma} - D_{\mathrm{cf}}} \delta_0^2 + \right.$$

$$\left. \frac{\lambda_{\mathrm{cmax}}^{D_{\mathrm{cT}\sigma} - D_{\mathrm{cf}}} - \lambda_{\mathrm{cmin}}^{D_{\mathrm{cT}\sigma} - D_{\mathrm{cf}}}}{D_{\mathrm{cT}\sigma} - D_{\mathrm{cf}}} \delta_0^3 + \frac{\lambda_{\mathrm{cmax}}^{-1+D_{\mathrm{cT}\sigma} - D_{\mathrm{cf}}} - \lambda_{\mathrm{cmin}}^{-1+D_{\mathrm{cT}\sigma} - D_{\mathrm{cf}}}}{-1 + D_{\mathrm{cT}\sigma} - D_{\mathrm{cf}}} \delta_0^4 \right)$$

（6-1-25）

同理，应力—两相渗流下通过单根毛细管的非润湿相流体流量 $q_{\mathrm{n}\sigma}$ 可以描述：

$$q_{\mathrm{n}\sigma} = \frac{\pi k \lambda_{\mathrm{n}\sigma}^4 \Delta p}{128 \mu_{\mathrm{n}} L_{\mathrm{p}\sigma}}$$

（6-1-26）

式中 $q_{\mathrm{n}\sigma}$——单根毛细管的非润湿相流体流量，m³/s。

由式（6-1-7）可知，式中初始液膜厚度的平方项的值极小，可忽略，则式（6-1-7）可以简化：

$$\lambda_{\mathrm{n}\sigma} = \sqrt{\frac{\sqrt{3} - 2F_{\mathrm{c}}}{4F_{\mathrm{n}}} \left(1 - \frac{\sigma_\lambda}{E}\right)^2 \lambda_{\mathrm{c}0}^2 - 2\frac{F_{\mathrm{c}}}{F_{\mathrm{n}}} \lambda_{\mathrm{c}0} \delta_0}$$

（6-1-27）

则式（6-1-26）中 $\lambda_{\mathrm{n}\sigma}^4$ 可以表示：

$$\lambda_{\mathrm{n}\sigma}^4 = \left(\frac{\sqrt{3} - 2F_{\mathrm{c}}}{4F_{\mathrm{n}}}\right)^2 \left(1 - \frac{\sigma_\lambda}{E}\right)^4 \lambda_{\mathrm{c}0}^4 - \frac{\sqrt{3}F_{\mathrm{c}} - 2F_{\mathrm{c}}^2}{F_{\mathrm{n}}^2} \left(1 - \frac{\sigma_\lambda}{E}\right)^2 \lambda_{\mathrm{c}0}^3 \delta_0 + 4\frac{F_{\mathrm{c}}^2}{F_{\mathrm{n}}^2} \lambda_{\mathrm{c}0}^2 \delta_0^2$$

（6-1-28）

由毛细管束模型定义，流经多孔介质的非润湿相流体流量为多孔介质内各毛细管非润湿相流体流量之和，其表达式可以表示：

$$Q_{\mathrm{n}\sigma} = \int_{\lambda_{\mathrm{cmin}0}}^{\lambda_{\mathrm{cmax}0}} q_{\mathrm{n}\sigma} \mathrm{d}N_{\mathrm{c}}$$

（6-1-29）

式中 $Q_{\mathrm{n}\sigma}$——非润湿相流体在应力—两相渗流下流经多孔介质的流量，m³/s。

将式（5-1-7）、式（5-2-9）与式（6-1-26）同时代入式（6-1-29），可以得到应力—两相渗流下流经多孔介质流量的分形表达式：

$$Q_{\mathrm{n}\sigma} = \frac{\pi k_{\mathrm{n}} D_{\mathrm{cf}} \Delta p F_{\mathrm{p}}^2 \lambda_{\mathrm{cmax}0}^{D_{\mathrm{cf}}}}{128 \mu_{\mathrm{n}} F_{\mathrm{n}}^2 L^{D_{\mathrm{cT}\sigma}-1}} \times$$

$$\left[\left(\frac{\sqrt{3} - 2F_{\mathrm{c}}}{4F_{\mathrm{n}}}\right)^2 \left(1 - \frac{\sigma_\lambda}{E}\right)^{3+D_{\mathrm{cT}\sigma}} \frac{\lambda_{\mathrm{cmax}0}^{3+D_{\mathrm{cT}\sigma}-D_{\mathrm{cf}}} - \lambda_{\mathrm{cmin}0}^{3+D_{\mathrm{cT}\sigma}-D_{\mathrm{cf}}}}{3+D_{\mathrm{cT}\sigma}-D_{\mathrm{cf}}} - \right.$$

$$\frac{\sqrt{3}F_{\mathrm{c}} - 2F_{\mathrm{c}}^2}{F_{\mathrm{n}}^2} \left(1 - \frac{\sigma_\lambda}{E}\right)^{1+D_{\mathrm{cT}\sigma}} \frac{\lambda_{\mathrm{cmax}0}^{2+D_{\mathrm{cT}\sigma}-D_{\mathrm{cf}}} - \lambda_{\mathrm{cmin}0}^{2+D_{\mathrm{cT}\sigma}-D_{\mathrm{cf}}}}{2+D_{\mathrm{cT}\sigma}-D_{\mathrm{cf}}} \delta_0 +$$

$$\left. 4\frac{F_{\mathrm{c}}^2}{F_{\mathrm{n}}^2} \left(1 - \frac{\sigma_\lambda}{E}\right)^{-1+D_{\mathrm{cT}\sigma}} \frac{\lambda_{\mathrm{cmax}0}^{1+D_{\mathrm{cT}\sigma}-D_{\mathrm{cf}}} - \lambda_{\mathrm{cmin}0}^{1+D_{\mathrm{cT}\sigma}-D_{\mathrm{cf}}}}{1+D_{\mathrm{cT}\sigma}-D_{\mathrm{cf}}} \delta_0^2 \right]$$

（6-1-30）

由应力—两相渗流下非润湿相多孔介质渗透率表达式：

$$K_{n\sigma} = \frac{Q_{n\sigma}\mu_n L}{A_\sigma \Delta p} \qquad (6-1-31)$$

式中 $K_{n\sigma}$——应力—两相渗流下非润湿相多孔介质的渗透率，m^2。

将式（5-2-15）与式（6-1-30）代入式（6-1-31），可以得到多孔介质渗透率的分形表达式：

$$\begin{aligned}K_{n\sigma} =& \frac{\pi k_n (2-D_{cf})F_p^2}{32\sqrt{3}\left(\lambda_{cmax}^{2-D_{cf}} - \lambda_{cmin}^{2-D_{cf}}\right)F_n^2 L^{D_{cT}-1}} \times \\ & \left[\left(\frac{\sqrt{3}-2F_c}{4F_n}\right)^2 \left(1-\frac{\sigma_\lambda}{E}\right)^{1+D_{cT\sigma}} \frac{\lambda_{cmax0}^{3+D_{cT\sigma}-D_{cf}} - \lambda_{cmin0}^{3+D_{cT\sigma}-D_{cf}}}{3+D_{cT\sigma}-D_{cf}} - \right. \\ & \frac{\sqrt{3}F_c - 2F_c^2}{F_n^2}\left(1-\frac{\sigma_\lambda}{E}\right)^{-1+D_{cT\sigma}} \frac{\lambda_{cmax0}^{2+D_{cT\sigma}-D_{cf}} - \lambda_{cmin0}^{2+D_{cT\sigma}-D_{cf}}}{2+D_{cT\sigma}-D_{cf}}\delta_0 + \\ & \left. 4\frac{F_c^2}{F_n^2}\left(1-\frac{\sigma_\lambda}{E}\right)^{-3+D_{cT\sigma}} \frac{\lambda_{cmax0}^{1+D_{cT\sigma}-D_{cf}} - \lambda_{cmin0}^{1+D_{cT\sigma}-D_{cf}}}{1+D_{cT\sigma}-D_{cf}}\delta_0^2 \right]\end{aligned} \qquad (6-1-32)$$

应力—两相渗流下多孔介质非润湿相无因次相对渗透率的表达式：

$$K_{rn\sigma} = \frac{K_{n\sigma}}{K_\sigma} \qquad (6-1-33)$$

式中 $K_{rn\sigma}$——应力—两相渗流下多孔介质非润湿相相对渗透率。

将式（5-2-35）与式（6-1-32）代入式（6-1-33），可以得到应力—两相渗流下多孔介质非润湿相渗透率的分形表达式：

$$\begin{aligned}K_{rn\sigma} =& \frac{2^4 k_n F_p^2 (3+D_{cT\sigma}-D_{cf})F_p^2}{kF_n^2\left(\sqrt{3}-2F_c\right)\lambda_{cmax0}^{D_{cf}}\left(\lambda_{cmax}^{3+D_{cT}-D_{cf}} - \lambda_{cmin}^{3+D_{cT}-D_{cf}}\right)^2} \times \\ & \left[\left(\frac{\sqrt{3}-2F_c}{4F_n}\right)^2 \frac{\lambda_{cmax0}^{3+D_{cT\sigma}-D_{cf}} - \lambda_{cmin0}^{3+D_{cT\sigma}-D_{cf}}}{3+D_{cT\sigma}-D_{cf}} - \right. \\ & \frac{\sqrt{3}F_c - 2F_c^2}{F_n^2}\left(1-\frac{\sigma_\lambda}{E}\right)^{-2} \frac{\lambda_{cmax0}^{2+D_{cT\sigma}-D_{cf}} - \lambda_{cmin0}^{2+D_{cT\sigma}-D_{cf}}}{2+D_{cT\sigma}-D_{cf}}\delta_0 + \\ & \left. 4\frac{F_c^2}{F_n^2}\left(1-\frac{\sigma_\lambda}{E}\right)^{-4} \frac{\lambda_{cmax0}^{1+D_{cT\sigma}-D_{cf}} - \lambda_{cmin0}^{1+D_{cT\sigma}-D_{cf}}}{1+D_{cT\sigma}-D_{cf}}\delta_0^2 \right]\end{aligned} \qquad (6-1-34)$$

三、实例分析

为了分析疏松砂岩储层中应力作用及岩石力学参数对储层气水渗流的影响，本节推导的疏松砂岩有水气藏分形应力—两相渗流模型使用的参数取值为：D_{cf}=1.70，D_{cT}=1.10，λ_{cmax}=1×10^{-6} m，λ_{cmin}=1×10^{-8} m，杨氏模量为 E=2.5×10^9 Pa，泊松比为 ν=0.15，束缚水含水饱和度为 0.2，通过改变液膜厚度计算含水饱和度（润湿相饱和度）、润湿相相对渗透率（水相）和非润湿相相对渗透率（气相）的关系曲线。

为了分析疏松砂岩储层中应力作用对储层气水渗流的影响，在疏松砂岩有水气藏分形应力—两相渗流模型中分别设定应力为 0 MPa、10 MPa 和 20 MPa，绘制此时的疏松砂岩有水气藏分形应力—两相渗流模型预测两相相对渗透率随含水饱和度的变化（图 6-1-3）。从图 6-1-3 中可以看出，对于疏松砂岩有水气藏分形应力—两相渗流模型而言，应力作用对储层相对渗透率的影响较为显著，可以看作是其主要影响因素之一。储层气相渗透率与含水饱和度的关系曲线随着应力的逐渐增加而左移，储层气相渗透率进而逐渐减小；多孔介质水相渗透率与含水饱和度的关系曲线随着应力的逐渐增加而左移，多孔介质水相渗透率进而逐渐增大。出现该现象的原因在于疏松砂岩有水气藏储层所受应力增大，其孔隙体积随之减小。由于水相为储层多孔介质润湿相，附着于储层孔隙内表面，当孔隙受应力挤压后，气相优先被排出，使得储层中气相渗流通道占总渗流通道的比例随应力增大不断减小，水相渗流通道占总渗流通道的比例随应力增大不断增大。

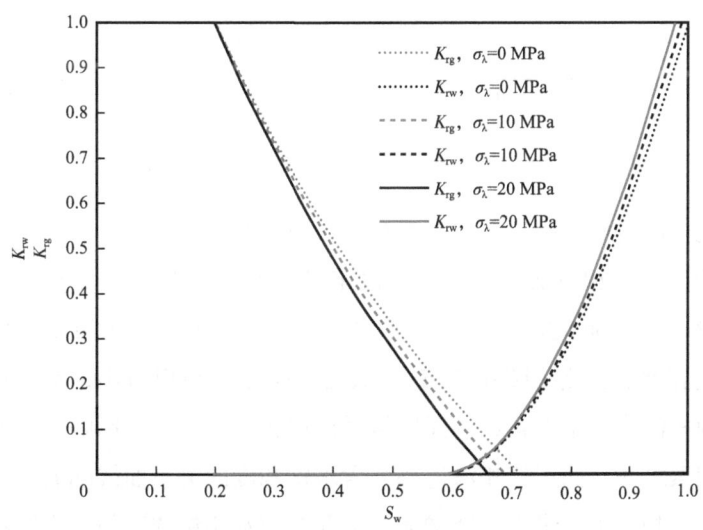

图 6-1-3　固相骨架集分形维数影响分析

为了分析疏松砂岩储层中岩石力学参数泊松比对储层气水渗流的影响，在疏松砂岩有水气藏分形应力—两相渗流模型中分别设定泊松比为 ν=0.05、0.10 和 0.15，绘制此时的疏松砂岩有水气藏分形应力—两相渗流模型预测两相相对渗透率随含水饱和度的变化（图 6-1-4）。从图 6-1-4 中可以看出，对于疏松砂岩有水气藏分形应力—两相渗流模型而言，泊松比对储层相对渗透率的影响较为显著，可以看作是其主要影响因素之一。储层气相渗透率与含水饱和度的关系曲线随着泊松比的逐渐增加而右移，储层气相渗透率进而逐渐增大；多孔介质水相渗透率与含水饱和度的关系曲线随着泊松比的逐渐增加而右移，多孔介质水相渗透率进而逐渐减小。出现该现象的原因在于泊松比表征固相骨架受径向应力作用挤压后其轴向的伸长程度，当储层泊松比增大时，储层渗流通道随固相骨架伸长，增大了储层内表面积。在储层含水饱和度一定的情况下，储层内表面积的增大导致孔隙中液膜厚度的减小，使得储层中气相渗流通道占总渗流通道的比例随泊松比增大不断增大，水相渗流通道占总渗流通道的比例随泊松比增大不断减小。

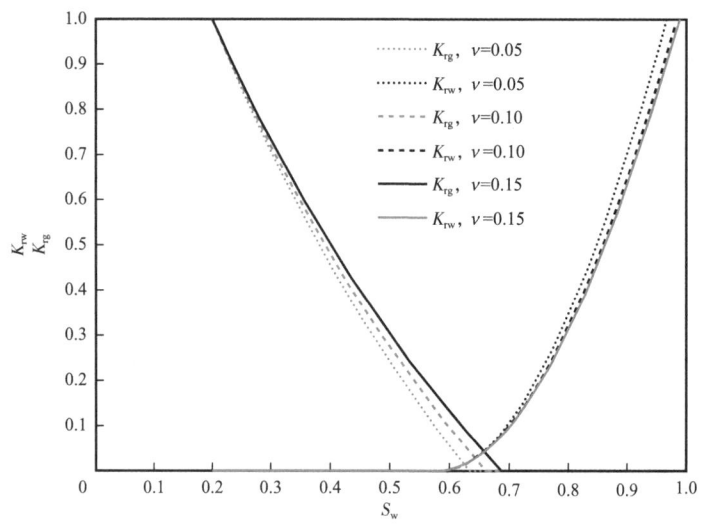

图 6-1-4　固相骨架集分形维数影响分析

为了分析疏松砂岩储层中岩石力学参数杨氏模量对储层气水渗流的影响，在疏松砂岩有水气藏分形应力—两相渗流模型中分别设定杨氏模量为 $E=0.5\times10^9$ Pa、$E=2.5\times10^9$ Pa 和 $E=4.5\times10^9$ Pa，绘制此时的疏松砂岩有水气藏分形应力—两相渗流模型预测两相相对渗透率随含水饱和度的变化（图 6-1-5）。从图 6-1-5 中可以看出，对于疏松砂岩有水气藏分形应力—两相渗流模型而言，杨氏模量对储层相对渗透率的影响较为明显，可以看作是其主要影响因素之一。储层气相渗透率与含水饱和度的关系曲线随着杨氏模量的逐渐增加而右移，储层气相渗透率进而逐渐增大；多孔介质水相渗透率与含水饱和度的关系曲线随着杨氏模量的逐渐增加而右移，多孔介质水相渗透率进而逐渐减小。出现该现象的原因在于杨氏模量表征固相骨架受径向应力作用挤压后的孔隙变化程度，当储层杨氏模量增大时，储层孔隙不易受应力影响，孔隙内表面积在相同应力条件下增大，导致孔隙中液膜厚度的减小，使得储层中气相渗流通道占总渗流通道的比例随泊松比增大不断增大，水相渗流通道占总渗流通道的比例随泊松比增大不断减小。

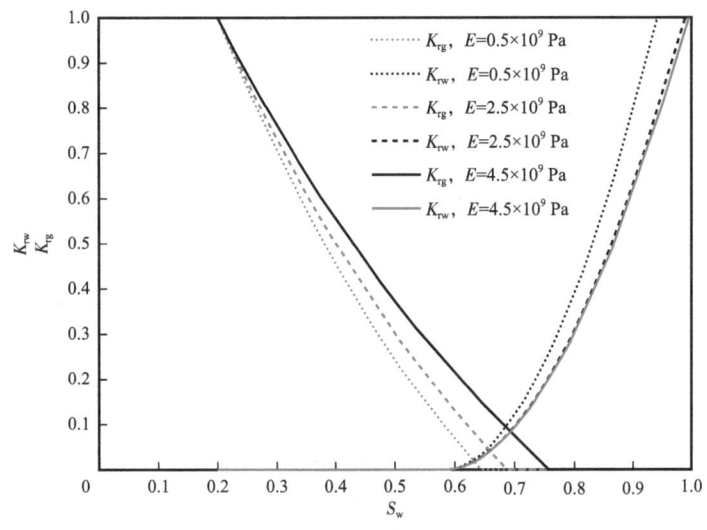

图 6-1-5　固相骨架集分形维数影响分析

第二节　疏松砂岩有水气藏储层分形应力—两相—出砂渗流模型

流体在多孔介质渗流过程中,由于流体冲刷等原因造成多孔介质固相颗粒脱落并堵塞骨架集间隙的毛细管束,使得多孔介质渗流能力降低,渗透率减小。在多孔介质处于气水两相流动的情况下,水相在固相可动颗粒与孔隙内壁间形成液膜,导致固相颗粒更易脱落。基于多孔介质固相分形渗流基本模型,考虑两相渗流条件下多孔介质固相相颗粒脱落并堵塞多孔介质毛细管束的情况,结合多孔介质固相颗粒受力分析,推导多孔介质固相分形应力—两相—出砂渗流模型,用于多孔介质应力、两相渗流环境下的速敏效应分析,通过使用实验数据验证了本节推导模型的准确性。

一、物理模型

基于多孔介质固相分形渗流基本模型,多孔介质由一组弯曲的固相骨架集及骨架集间隙毛细管束构成,其结构如图 6-1-1 所示。多孔介质固相分形渗流基本模型中存在有可移动固相颗粒,可移动固相颗粒表面与多孔介质内壁存有水膜,其截面排列如图 6-2-1 所示。由于孔隙内水膜的存在导致固相颗粒摩擦系数减小,加之流体冲刷等原因造成多孔介质固相颗粒脱落并堵塞骨架集间隙的毛细管束,使得多孔介质渗流能力降低,渗透率

图 6-2-1　两相渗流下多孔介质可移动颗粒截面排列示意图

减小。以固相颗粒为目标，考虑孔隙内水膜的润滑作用，分析固相颗粒在气流曳力与壁面静摩擦力的双重作用下的稳定性，以此推导固相颗粒失稳脱落条件。模型基于如下假设条件：渗流过程为等温渗流，忽略毛细管力与重力的影响。

二、数学模型

为了分析两相渗流下多孔介质固相颗粒失稳脱落条件，在多孔介质横截面中，选取正六边形区域，如图6-2-1所示。以固相颗粒为目标，分析固相颗粒在气流曳力与壁面静摩擦力的双重作用下的稳定性，其受力分析如图6-2-2所示。

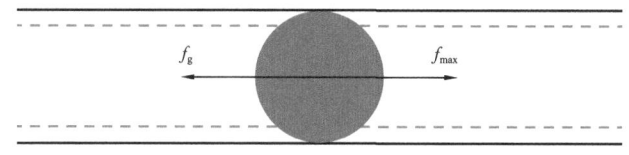

图6-2-2 两相渗流下固相颗粒失稳脱落临界条件

由图6-2-2可知，可移动固相颗粒的表面积：

$$a = \pi \lambda_c^2 \quad (6-2-1)$$

式中 a——可移动固相颗粒的表面积，m^2。

可移动固相颗粒被液膜覆盖面积的表达式：

$$a_w = 2\pi \lambda_c \delta \quad (6-2-2)$$

式中 a_w——可移动固相颗粒被液膜覆盖面积，m^2。

当液膜$\delta=0$为零时，$a_w=0$，表明无液膜润滑可动固相颗粒；当液膜为最大值$\delta=\lambda_c/2$时，$a_w=a$，表明液膜完全覆盖可动固相颗粒，液膜润滑效果达到最大。

考虑液膜润滑效果，中心固相颗粒所受最大静摩擦力：

$$f_{wmax} = \kappa \sigma_\lambda - 2\kappa_w \pi \lambda_{cr} \delta \quad (6-2-3)$$

式中 f_{wmax}——考虑液膜润滑效果的最大静摩擦力，N；

κ_w——液膜润滑后的静摩擦系数。

气体对中心固相颗粒的曳力可由式（5-4-2）表示。

考虑液膜润滑作用，当中心固相颗粒处于失稳脱落临界条件时，中心固相颗粒所受最大静摩擦力与气体对中心固相颗粒的曳力相等，即：

$$f_g = f_{wmax} \quad (6-2-4)$$

将式（6-2-3）与式（5-4-2）代入式（6-2-4），得到考虑液膜润滑的固相颗粒的失稳临界直径：

$$\lambda_{cr} = \frac{-8\kappa_w \pi \delta + \sqrt{(8\kappa_w \pi \delta)^2 + 8\pi C \rho_g v_g^2 \kappa \sigma_\lambda}}{\pi C \rho_g v_g^2} \quad (6-2-5)$$

将考虑液膜润滑的固相颗粒的失稳临界直径代入多孔介质固相分形出砂渗流模型的无量纲表达式（5-4-18），即可求取疏松砂岩有水气藏分形应力—两相—出砂渗流模型无量纲渗透率。储层含水饱和度可由式（5-3-22）求取。

三、实例分析

为了验证疏松砂岩有水气藏分形应力—两相—出砂渗流模型的正确性，使用了本论文模拟水浸气驱出砂实验分析数据，为疏松砂岩有水气藏储层原始渗透率与残余水饱和度下渗透率的关系。本节推导的疏松砂岩有水气藏分形应力—两相—出砂渗流模型使用的参数取值为：$D_{cf}=1.9$，$D_{rcf}=1.65$，$D_{cT}=1.05$，$\lambda_{cmax}=1\times10^{-6}\,\text{m}$，$\lambda_{cmin}=1\times10^{-8}\,\text{m}$。如图 6-2-3 所示，将疏松砂岩有水气藏分形应力—两相—出砂渗流模型的预测值与已有的实验数据进行了比较，实验样本数据标记为实心点，模型预测数据标记为实线。由数据比较结果可以看出，模型预测结果与实验测试结果表现出良好的一致性。

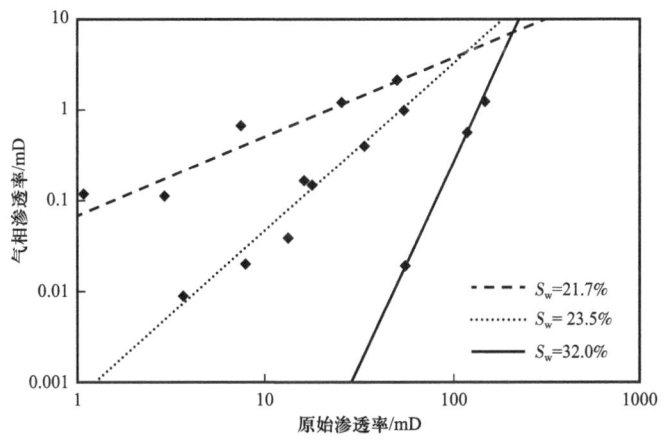

图 6-2-3 多孔介质固相分形出砂渗流模型验证

为了分析含水饱和度对疏松砂岩有水气藏分形应力—两相—出砂渗流模型的影响幅度，在疏松砂岩有水气藏分形应力—两相—出砂渗流模型中分别设定储层含水饱和度分别为10%、20%、30%，绘制此时疏松砂岩有水气藏分形应力—两相—出砂渗流模型预测归一化渗透率的变化（图 6-2-4）。从图 6-2-4 中可以看出，对于疏松砂岩有水气藏分形应力—两相—出砂渗流模型，含水饱和度对归一化渗透率的影响显著，可以看作是其主要影响因素。归一化渗透率与围压的关系曲线随着含水饱和度的逐渐增加而左移，归一化渗透率进而逐渐减小。其原因在于含水饱和度的增加导致了疏松砂岩有水气藏储层液膜厚度的增大，增加了固相可动颗粒的润滑性，含水饱和度越大，固相可脱落颗粒的稳定性越差，归一化渗透率下降发生得越早，且下降幅度越剧烈。

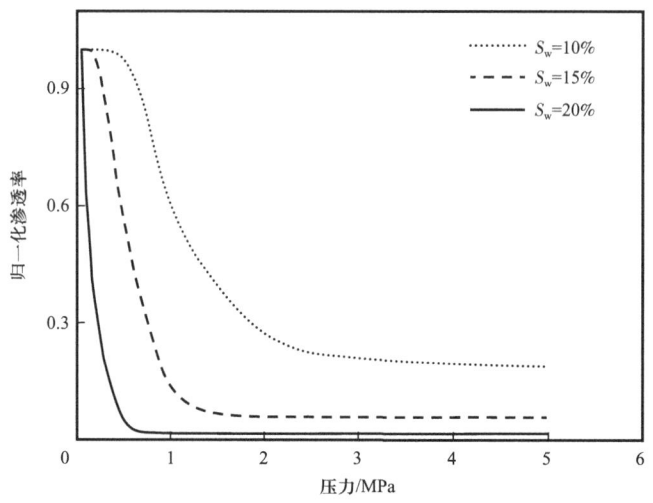

图 6-2-4　固相颗粒失稳系数影响图

参 考 文 献

[1] 周福建,齐宁.疏松砂岩油气藏纤维复合防砂技术[M].北京:石油工业出版社,2012.

[2] 万玉金,李江涛,杨炳秀,等.多层疏松砂岩气田开发[M].北京:石油工业出版社,2016.

[3] 李士伦,王鸣华,何江川,等.气田与凝析气田开发[M].北京:石油工业出版社,2004.

[4] 宋伟,奎明清,李江涛,等.柴达木盆涩北强水侵气藏稳产关键技术与开发对策[J].天然气工业,2023,43(12):37-45.

[5] 张英,李志生,王东良,等.柴达木盆地东部天然气地球化学特征与勘探方向[J].石油勘探与开发,2009,36(6):693-700,708.

[6] 杨志伟.孤东油气田三、四区浅层气藏精细地质描述研究[D].北京:中国石油大学(北京),2008.

[7] 王红.孤东浅层气藏提高采收率技术研究[J].内蒙古石油化工,2016,42(4):96-98.

[8] 张齐.云南保山盆地有水疏松砂岩气田开发及集输技术[J].石油天然气学报,2007,29(1):133-135.

[9] 石亚兰.利用叠前同时反演技术预测三岔河地区茨营组三段疏松砂岩储层[D].北京:中国地质大学(北京),2017.

[10] 马红,孙凤兰,黄瑞平,等.歧口凹陷中浅层疏松砂岩录井显示特征[J].录井工程,2009,20(3):59-63,78.

[11] 蒋维三,叶舟,郑华平,等.杭州湾地区第四系浅层天然气的特征及勘探方法[J].天然气工业,1997,(3):32-35,36.

[12] 张丽囡,李笑萍.气井产出水的来源及地下相态的判断[J].东北石油大学学报,1993,17(2):107-111.

[13] 于希南,宋健兴,高修钦,等.气井出水水源识别的思路与方法[J].油气田地面工程,2012,31(8):21-22.

[14] 李锦,王新海,朱黎鹞,等.气藏产水来源综合判别方法研究[J].天然气地球科学,2012,23(6):1185-1190.

[15] 马时刚,曹文江,石国新,等.确定特殊的薄层底水油藏水体规模的方法[J].新疆石油地质,2005,26(6):698-700.

[16] 丁良成.气藏有限封闭水体能量的评价方法[J].新疆石油地质,2006,27(5):591-592.

[17] 袁清芸.气藏水体能量评价改进方法[J].天然气技术,2010,4(6):40-41,47,79.

[18] SCHILTHUIS R J. Active Oil and Reservoir Energy[J]. Transactions of the AIME, 1936, 118(1): 33-52.

[19] VAN-EVERDINGEN A F, Hurst W. The Application of the Laplace Transformation to Flow Problem in Reservoirs[J]. Journal of Petroleum Technology, 1949, 1(12): 305-324.

[20] CHATAS A T. Unsteady Spherical Flow in Petroleum Reservoirs[J]. Society of Petroleum Engineers Journal, 1966, 6(2): 102-114.

[21] FETKOVICH M J. A Simplified Approach to Water Influx Calculations-Finite Aquifer Systems[J]. Journal of Petroleum Technology, 1971, 23(7): 814-828.

[22] KLINS M A, BOUCHARD A J, CABLE C L. A Polynomial Approach to the van Everdingen-Hurst Dimensionless Variables for Water Encroachment[J]. SPE Reservoir Engineering, 1988, 3(1): 320-326.

[23] 廖运涛.计算天然水侵量的回归公式［J］.石油勘探与开发，1990（1）：71-75.

[24] 赵继勇，胡建国，凡哲元.无因次水侵量计算新方法［J］.新疆石油地质，2006，27（2）：225-228.

[25] 李元生，藤赛男.底水气藏非稳态流动水侵量和动储量预测模型研究［J］.特种油气藏，2023，30（2）：116-121.

[26] 鲜波，朱松柏，周杰，等.超深层多重介质储层径向非稳态水侵模型［J］.西南石油大学学报（自然科学版），2024，46（4）：97-106.

[27] 陈元千.气田天然水侵的判断方法［J］.石油勘探与开发，1978，5（3）：51-57.

[28] 张烈辉，贺伟.裂缝性底水气藏单井水侵模型［J］.天然气工业，1994，14（6）：48-50，96-97.

[29] 李传亮.气藏水侵量的计算方法研究［J］.新疆石油地质，2003，24（5）：430-431.

[30] 王怒涛，唐刚，任洪伟.水驱气藏水侵量及水体参数计算最优化方法［J］.天然气工业，2005，25（5）：75-77，10-11.

[31] 刘世常，李闯，巫扬，等.计算水驱气藏地质储量和水侵量的简便方法［J］.新疆石油地质，2008，29（1）：88-90.

[32] 闫正和，石军太，秦峰，等.水驱气藏动态储量和水侵量计算新方法［J］.中国海上油气，2021，33（1）：93-103.

[33] 岳世俊，刘应如，项燚伟，等.一种水侵气藏动态储量和水侵量计算新方法［J］.岩性油气藏，2023，35（5）：153-160.

[34] STEIN N, ODEH A S, JONES L G. Estimating Maximum Sand-Free Production Rates From Friable Sands for Different Well Completion Geometries［J］. Journal of Petroleum Technology, 1974, 26（10）: 1156-1158.

[35] COATES G R, DENOO S. Mechanical Properties Program Using Borehole Analysis And Mohr's Circle［C］.北京：中国人民大学出版社，1981.

[36] 沈琛，邓金根，王金凤.胜利油田弱胶结稠油藏岩石破坏准则及出砂预测［J］.断块油气田，2001，8（2）：19-22.

[37] 刘刚，刘澎涛，韩金良，等.油井出砂监测技术现状及发展趋势［J］.科技导报，2013，31（25）：75-79.

[38] 霍树义，李厚裕，张玉模.油井出砂层位预测技术［J］.测井技术，1991，15（6）：427-431.

[39] 朱德武.出砂预测技术进展［J］.钻采工艺，1996，19（6）：23-26.

[40] 王艳辉，刘希圣.油井出砂预测技术的发展与应用综述［J］.石油钻采工艺，1994，16（5）：79-86.

[41] COOK, 李慧源.出砂物理模拟及出砂预测应用研究［J］.世界石油科学，1996，7（6）：64-68.

[42] SELBY R J, ALI S M F. Mechanics Of Sand Production And The Flow Of Fines In Porous Media［J］. Journal of Canadian Petroleum Technology, 1988, 27（3）: 55-63.

[43] 廖伟，罗双涵，胡书勇，等.气藏型储气库出砂规律研究的新方法［J］.西南石油大学学报（自然科学版），2023，45（3）：119-130.

[44] MORITA N, WHITFILL D L, MASSIE I, et al. Realistic Sand-Production Prediction: Numerical Approach［J］. Spe Production Engineering, 1989, 4（1）: 15-24.

[45] SANFILIPPO F, BRIGNOLI M, GIACCA D, et al. Sand Production: From Prediction to Management［C］. Hague: SPE European Formation Damage Conference, 1997.

[46] KANJ M, ABOUSLEIMAN Y. Realistic Sanding Predictions: A Neural Approach［C］. Texas: SPE Annual Technical Conference and Exhibition, 1999.

［47］MULLER A L, JR E D A V, VAZ L E, et al. Numerical analysis of sand/solids production in boreholes considering fluid-mechanical coupling in a Cosserat continuum［J］. International Journal of Rock Mechanics & Mining Sciences, 2011, 48（8）: 1303-1312.

［48］周建良, 李敏, 王平双. 油气田出砂预测方法［J］. 中国海上油气（工程）, 1997, 9（4）: 26-36.

［49］张建国, 程远方. 射孔完井出砂预测模型的建立及验证［J］. 石油钻探技术, 2001, 29（6）: 41-43.

［50］张广清, 陈勉, 李洪春, 等. 射孔完井高压气层出砂三维预测方法［J］. 石油钻采工艺, 2004, 26（4）: 10-12.

［51］江朝, 姜伟, 刘书杰, 等. 考虑射孔方位的出砂预测模型［J］. 断块油气田, 2010, 17（1）: 98-101.

［52］刘先珊, 张林. 持续开采的储层砂岩出砂机理分析［J］. 兰州大学学报（自然科学版）, 2013, 49（6）: 741-746.

［53］李思远, 沈新普, 秦军, 等. 高泉区块地应力分析及水平井出砂预测［J］. 钻采工艺, 2021, 44（5）: 63-68.

［54］马都都, 蒋贝贝, 刘涛, 等. 南缘深层高温高压井出砂临界压差预测研究［J］. 西南石油大学学报（自然科学版）, 2024, 46（3）: 94-101.

［55］MANDELBROT B B. The Fractal Geometry of Nature［J］. American Journal of Physics, 1998, 51（3）: 468.

［56］KATZ A J, THOMPSON A. Fractal Sandstone Pores: Implications for Conductivity and Pore Formation［J］. Physical Review Letters, 1985, 54（12）: 1325.

［57］KROHN C E. Fractal Measurements of Sandstones, Shales, and Carbonates［J］. Journal of Geophysical Research: Solid Earth（1978-2012）, 1988, 93（B4）: 3297-3305.

［58］KROHN C E. Sandstone Fractal and Euclidean Pore Volume Distributions［J］. Journal of Geophysical Research: Solid Earth（1978-2012）, 1988, 93（B4）: 3286-3296.

［59］DEINERT M, PARLANGE J Y, CADY K. Simplified Thermodynamic Model for Equilibrium Capillary Pressure in a Fractal Porous Medium［J］. Physical Review E, 2005, 72（4）: 041203.

［60］DEINERT M, DATHE A, PARLANGE J, et al. Capillary Pressure in a Porous Medium with Distinct Pore Surface and Pore Volume Fractal Dimensions［J］. Physical Review E, 2008, 77（2）: 021203.

［61］LI K. More General Capillary Pressure and Relative Permeability Models from Fractal Geometry［J］. Journal of Contaminant Hydrology, 2010, 111（1）: 13-24.

［62］LI K. Analytical Derivation of Brooks-Corey Type Capillary Pressure Models Using Fractal Geometry and Evaluation of Rock Heterogeneity［J］. Journal of Petroleum Science and Engineering, 2010, 73（1）: 20-26.

［63］GAO H, YU B, DUAN Y, et al. Fractal Analysis of Dimensionless Capillary Pressure Function［J］. International Journal of Heat and Mass Transfer, 2014, 69（1）: 26-33.

［64］CHANG J, YORTSOS Y C. Pressure Transient Analysis of Fractal Reservoirs［J］. SPE Formation Evaluation, 1990, 5（1）: 31-38.

［65］PAPE H, CLAUSER C, IFFLAND J. Permeability Prediction Based on Fractal Pore-Space Geometry［J］. Geophysics, 1999, 64（5）: 1447-1460.

［66］PAPE H, CLAUSER C, IFFLAND J. Variation of Permeability with Porosity in Sandstone Diagenesis

Interpreted with a Fractal Pore Space Model [J]. Pure and Applied Geophysics, 2000, 157 (4): 603-619.

[67] COSTA A. Permeability-Porosity Relationship: A Reexamination of the Kozeny-Carman Equation Based on a Fractal Pore-Space Geometry Assumption [J]. Geophysical Research Letters, 2006, 33 (2): 2318.

[68] GUARRACINO L. A Fractal Constitutive Model for Unsaturated Flow in Fractured Hard Rocks [J]. Journal of Hydrology, 2006, 324 (1): 154-162.

[69] XU P, YU B. Developing a New Form of Permeability and Kozeny-Carman Constant for Homogeneous Porous Media by Means of Fractal Geometry [J]. Advances in Water Resources, 2008, 31 (1): 74-81.

[70] 郑斌，李菊花. 基于 Kozeny—Carman 方程的渗透率分形模型 [J]. 天然气地球科学, 2015, 26 (1): 193-198.

[71] LIU R, JIANG Y, LI B, et al. A Fractal Model for Characterizing Fluid Flow in Fractured Rock Masses Based on Randomly Distributed Rock Fracture Networks [J]. Computers and Geotechnics, 2015, 65 (4): 45-55.

[72] MIAO T, YANG S, LONG Z, et al. Fractal Analysis of Permeability of Dual-Porosity Media Embedded with Random Fractures [J]. International Journal of Heat and Mass Transfer, 2015 (88): 814-821.

[73] MIAO T, YU B, DUAN Y, et al. A Fractal Analysis of Permeability for Fractured Rocks [J]. International Journal of Heat and Mass Transfer, 2015 (81): 75-80.

[74] ZHAO H, NING Z, KANG Q, et al. Relative Permeability of Two Immiscible Fluids Flowing Through Porous Media Determined by Lattice Boltzmann Method [J]. International Communications in Heat & Mass Transfer, 2017 (85): 53-61.

[75] LEI G, LIAO Q, PATIL S J F. A Fractal Model for Relative Permeability in Fractures under Stress Dependence [J]. Fractals, 2019, 27 (6): 1950092.

[76] TAN X H, ZHOU X J, LI H, et al. A Seepage Model for Solid-phase Particle Instability in Porous Media-Based Fractal Theory [J]. Fractals, 2023, 31 (8): 2340182.

[77] 黄兴，高辉，窦亮彬. 致密砂岩油藏微观孔隙结构及水驱油特征 [J]. 中国石油大学学报（自然科学版）, 2020, 44 (1): 80-88.

[78] YU B M, CHENG P. A Fractal Permeability Model for Bi-Dispersed Porous Media [J]. International Journal of Heat and Mass Transfer, 2002, 45 (14): 2983-2993.

[79] YU B, LEE L, CAO H. Fractal Characters of Pore Microstructures of Textile Fabrics [J]. Fractals-Complex Geometry Patterns and Scaling in Nature and Society, 2001, 9 (2): 155-163.

[80] CAI J, PERFECT E, CHENG C, et al. Generalized Modeling of Spontaneous Imbibition Based on Hagen-Poiseuille Flow in Tortuous Capillaries with Variably Shaped Apertures (Article) [J]. Langmuir, 2014, 30 (18): 5142-5151.

[81] YU B, LI J, LI Z, et al. Permeabilities of Unsaturated Fractal Porous Media [J]. International Journal of Multiphase Flow, 2003, 29 (10): 1625-1642.

[82] TAN X, LIU C, LI X, et al. A Stress Sensitivity Model for the Permeability of Porous Media Based on Bi-Dispersed Fractal Theory [J]. International Journal of Modern Physics C: Computational Physics & Physical Computation, 2018, 29 (2): 1850019.